计算机系列教材

主 编 王 欢 董建娥 戴正权 高 皜 黄 苾
副主编 邢丽伟 鲁 莹 赵 璠 王晓林 鲁 宁 赵家刚

大学计算机基础与新技术实验指导（微课版）

U0291418

清华大学出版社

北京

内 容 简 介

本书为大学计算机基础课程的配套实验教材，全书共 8 章，内容包括 Windows 7 安装与桌面应用、电子文档的制作与编排、电子表格的制作规范与方法、演示文稿应用、互联网应用、数据库基础与数据处理（Access）、程序设计基础与算法、计算机实用工具的使用。

本书适合作为大学计算机基础课程的配套辅导教材，也可供计算机爱好者自学使用。

图书在版编目（CIP）数据

大学计算机基础与新技术实验指导：微课版/王欢等主编. —北京：清华大学出版社，2020.5（2023.9 重印）
计算机系列教材
ISBN 978-7-302-55091-4

Ⅰ．①大…　Ⅱ．①王…　Ⅲ．①电子计算机－高等学校－教学参考资料　Ⅳ．①TP3

中国版本图书馆 CIP 数据核字（2020）第 047372 号

责任编辑：白立军　杨　帆
封面设计：常雪影
责任校对：白　蕾
责任印制：刘海龙

出版发行：清华大学出版社
　　　　网　　　址：http://www.tup.com.cn，http://www.wqbook.com
　　　　地　　　址：北京清华大学学研大厦 A 座　　　　　邮　　编：100084
　　　　社 总 机：010-83470000　　　　　　　　　　　邮　　购：010-62786544
　　　　投稿与读者服务：010-62776969，c-service@tup.tsinghua.edu.cn
　　　　质量反馈：010-62772015，zhiliang@tup.tsinghua.edu.cn
　　　　课件下载：http://www.tup.com.cn，010-83470236
印 装 者：三河市君旺印务有限公司
经　　销：全国新华书店
开　　本：185mm×260mm　　　印　　张：13　　　字　　数：299 千字
版　　次：2020 年 5 月第 1 版　　　　　　　　印　　次：2023 年 9 月第 9 次印刷
定　　价：39.80 元

产品编号：087008-01

前　言

　　大学计算机基础是当代大学生的必修课程之一,是非计算机专业人员利用计算机提高工作效率的必备知识。随着新技术的不断涌现,计算机基础实验内容也需要相应地更新,融入新技术、新技巧。为了帮助读者在掌握计算机理论知识的同时,提高实际动手操作能力,我们编写了这本《大学计算机基础与新技术实验指导(微课版)》。本书是《大学计算机基础与新技术》的实验教程,建议配套使用。

　　本书每个实验均配有微课视频讲解。

　　本书的编写分工:第1章由戴正权、王晓林编写;第2章由董建娥、黄苾编写;第3章由邢丽伟、高皜编写;第4章由鲁莹编写;第5章由赵璠、王欢编写;第6章由鲁宁编写;第7章由赵家刚编写;第8章由王欢编写。全书由王欢统稿。

　　下载本书素材请登录 www.tup.com.cn。

　　西南林业大学大数据与智能工程学院全体教师参与了《大学计算机基础与新技术实验指导(微课版)》的编写讨论,为编写工作贡献了许多教学经验,在此表示衷心感谢。

　　本书虽然经过多次讨论和修改,但由于编者水平有限,书中难免有不妥之处,恳请广大读者批评指正。

编　者

2019 年 12 月

目　录

第1章　Windows 7 安装与桌面应用

实验 1-1　Windows 7 安装

一、实验目的

(1) 了解 Windows 7。

(2) 了解磁盘分区和磁盘格式。

(3) 了解系统安装方法及学习 Windows 7 安装。

二、实验条件要求

(1) 虚拟机 VMware、启动盘制作软件。

(2) Windows 7 光盘或 U 盘映像文件。

三、实验基本知识点

1. Windows 7 简介

Windows 7 是继 Windows 98、Windows 2000、Windows XP、Windows Vista 后微软公司开发的具有革命性变化的操作系统,Windows 7 可供家庭及商业台式计算机、笔记本计算机、平板计算机、多媒体中心等使用,目前分为 32 位和 64 位两种系统,有家庭版、专业版、企业版、旗舰版等。它们安装的原理和步骤基本相同。本实验介绍的安装方法对于 Windows 2000、Windows 2003、Windows XP 同样适用。

2. Windows 7 对计算机硬件的要求

32 位
CPU：主频≥1GHz
内存：至少 1GB 或更高
硬盘空间：大于 15GB 或更高

64 位
CPU：主频≥1GHz
内存：至少 2GB 或更高
硬盘空间：大于 20GB 或更高

3. 硬盘分区

使用硬盘分区实质上是为了更好地管理磁盘上的文件,提高文件读写的性能。早期的硬盘分区中并没有主分区(primary partition)、扩展分区(extended partition)和逻辑分区(logical partition)的概念，每个分区的类型都是现在所称的主分区。由于硬盘仅为分区表保留了 64 字节的存储空间，而每个分区的参数占据 16 字节，故主引导扇区中总计只能存储 4 个分区的数据，即一块物理硬盘最多只能划分为 4 个主分区。在具体的应用中，4 个逻辑磁盘往往不能满足实际需求。为了建立更多的逻辑磁盘供操作系统使用，人们引入了扩展分区和逻辑分区，并把原来的分区类型称为主分区。

当一个分区被建立，其类型被设为"扩展"时，扩展分区表也被创建。简而言之，扩展分区就像一个独立的磁盘驱动器——它有自己的分区表，该表指向一个或多个分区；除了主分区外的其他分区都称为逻辑分区，与 4 个主分区相对。分区时硬盘的格式有FAT16、FAT32、NTFS 三种，由于 FAT 对存储单个文件大小有限制（最大 4GB），所以目前常用 NTFS 分区格式。

4. 系统安装方法

安装 Windows 有多种方法，常见的有光盘安装、硬盘安装、U 盘安装、虚拟光驱安装等。本实验主要介绍在虚拟机上安装 Windows 7 和用 U 盘工具安装 Windows 7 的方法。

四、虚拟机上安装 Windows 7 的实验步骤

1. 安装虚拟机

（1）安装 VMware 虚拟机，安装的过程中采用默认的设置即可。

（2）启动 VMware，在工具栏中选择"文件"下"新建虚拟机"按钮，新建一个虚拟计算机。弹出"新建虚拟机向导"对话框，典型适合于新

虚拟机上安装
Windows 7

手，这里选中"典型"单选按钮，如图 1-1 所示。单击"下一步"按钮后选择"稍后安装操作系统"，再单击"下一步"按钮，在弹出的对话框中选择"客户机操作系统"为 Microsoft Windows，版本选择 Windows 7，单击"下一步"按钮，如图 1-2 所示。

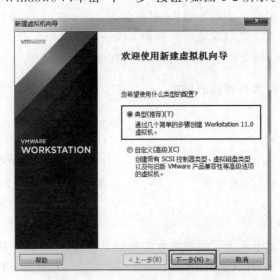

图 1-1 "新建虚拟机向导"对话框

图 1-2　"选择客户机操作系统"界面

（3）命名虚拟机和指定磁盘容量，一般默认就可以了。注意，这里选中"将虚拟磁盘拆分成多个文件"单选按钮，如图 1-3 所示。

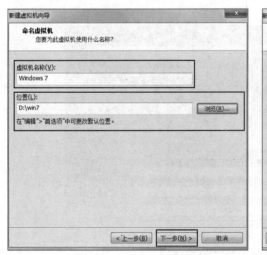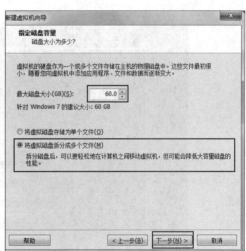

图 1-3　命名虚拟机和指定磁盘容量

（4）至此创建虚拟机完成，单击"完成"按钮即可。

2. 选择 ISO 镜像文件

（1）在菜单栏中单击"虚拟机"，然后单击"设置"，将弹出"虚拟机设置"对话框，选中"硬件"选项卡中的 CD/DVD。

（2）在右边栏出现"连接"区域，选中"使用 ISO 映像文件"单选按钮，然后单击"浏览"按钮找到 Windows 7 映像文件，如图 1-4 所示。

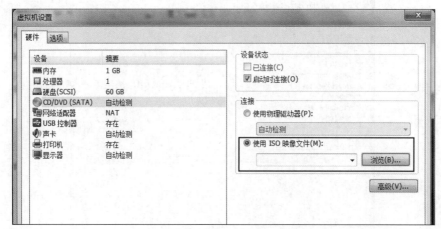

图 1-4　选择映像文件

3. 安装 Windows 7

（1）在 VMware 的"我的计算机"选项里，找到刚刚新建的虚拟机，并单击，虚拟机将启动。进入安装状态，在这里可以选择要安装的语言、时间和货币格式、键盘和输入方法，如图 1-5 所示，单击"下一步"按钮。

图 1-5　"安装 Windows"对话框（一）

（2）在弹出的对话框中单击"现在安装"按钮，如图 1-6 所示。

（3）接受许可条款，选中"我接受许可条款"复选框，单击"下一步"按钮，如图 1-7 所示。

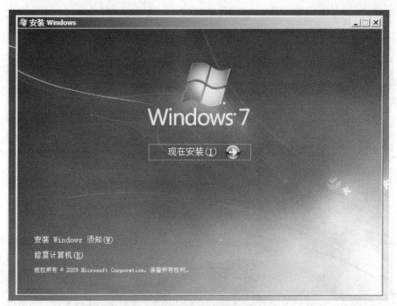

图 1-6　"安装 Windows"对话框(二)

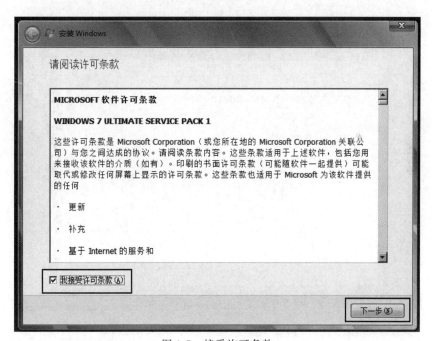

图 1-7　接受许可条款

（4）选择安装位置，直接单击"下一步"按钮即可，如图 1-8 所示。

（5）进入安装状态，注意提示"安装过程中计算机可能重新启动数次"，这属于正常现象，不必慌张。这里将进行复制 Windows 文件、展开 Windows 文件、安装功能及安装更新等步骤，这可能需要很长时间，请耐心等待，如图 1-9 和图 1-10 所示。

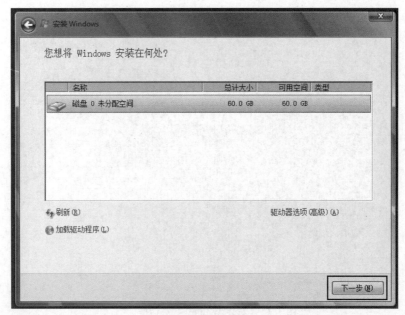

图 1-8　选择安装位置

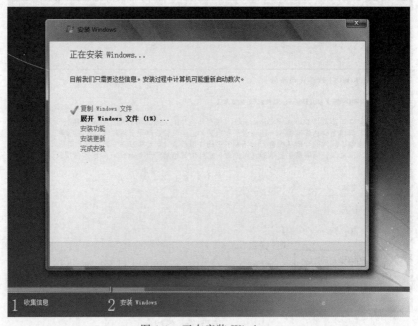

图 1-9　正在安装 Windows

（6）重新启动后，将进行更新注册表设置、检查视频性能等步骤，如图 1-11 所示。

（7）创建账户并为账户设置密码，用户名可任意输入，密码是登录时的密码，注意牢记。如图 1-12 所示。

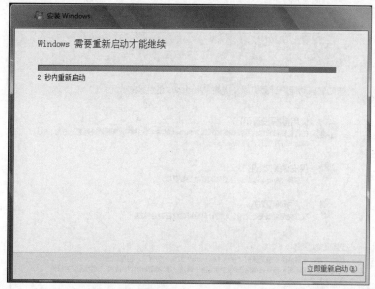

图 1-10 重新启动

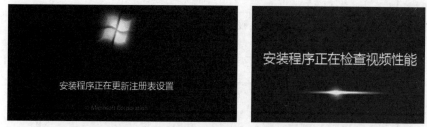

图 1-11 更新注册表设置、检查视频性能

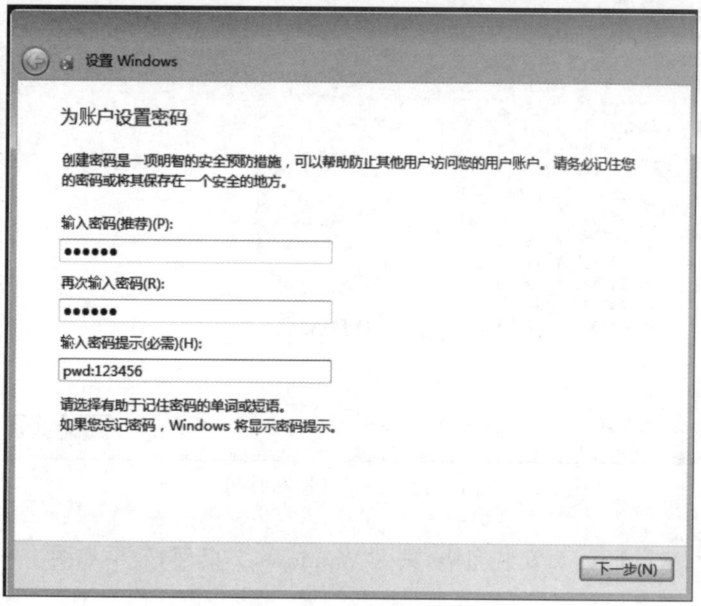

图 1-12 设置密码

（8）设置保护计算机选项，在这里选择了推荐设置，如图 1-13 所示。

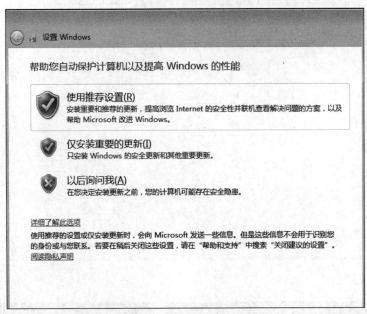

图 1-13　设置保护计算机选项

（9）设置日期和时间，一般情况下已经设置好，有时需要手动调整。如图 1-14 所示。

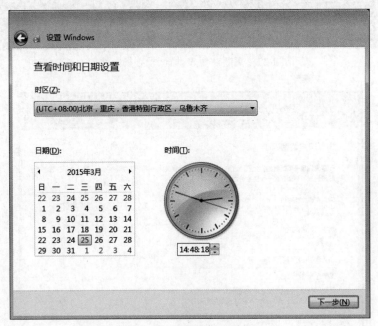

图 1-14　设置日期和时间

（10）至此，Windows 7 安装完毕，进入 Windows 7 桌面，效果如图 1-15 所示。

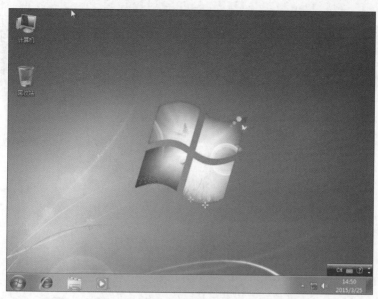

图 1-15　安装完成

五、U 盘工具安装 Windows 7 的实验步骤

1. 启动盘制作

要给计算机重装系统,需要一个能启动计算机的 U 盘和一个系统的映像文件。下载 U 深度、老毛桃等 U 盘启动盘制作软件,安装好打开。插入一个容量至少为 4GB 的 U 盘,在图 1-16 中,当软件识别到插入的 U 盘时,单击"开始制作"按钮,数分钟后启动盘制作完毕。制作完成后模拟启动一下,模拟启动只是在 Windows 下运行一下软件,只代表虚拟环境,并不能真实使用,可以帮助测试硬件是否具有兼容性。启动盘制作成功后,再把我们的系统映像文件复制到 U 盘根目录下面,一个可以安装系统的启动盘就制作完成了。

U 盘工具安装
Windows 7

2. 进入 BIOS 设置 U 盘启动

U 盘启动盘制作完成后,就可以给计算机安装系统了。插入制作好的启动盘,启动计算机。但是我们使用的计算机一般都默认从硬盘启动,所以此时要进入 BIOS 设置,把计算机的第一启动项设为 USB 设备启动。不同计算机不同版本的 BIOS 有不同的设置方法,不过都大同小异,图 1-17 为最常见的 Phoenix-Award 的快速 BIOS 启动项,选择 USB-HDD;图 1-18 为 Dell 计算机的快速启动项;图 1-19 为 Lenovo 计算机的快速启动项。一般的计算机只需要在开机的同时一直按住 F12 或 F2 键即可进入快速启动项,不同计算机进入快速启动项的方法不同。

图 1-16　U 深度启动盘制作工具

图 1-17　快速 BIOS 启动项

图 1-18　Dell 计算机的快速启动项

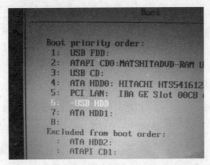

图 1-19　Lenovo 计算机的快速启动项

部分计算机没有快速启动项，需要进入 CMOS 后进行 BIOS 设置 U 盘启动。开机时计算机屏幕会有提示，按住提示的按键即可进入。如 Dell 计算机开机按住 F2 键进入 BIOS，选择其中的 Advanced BIOS Features，设置 First Boot Device 第一启动项为 USB 设备，如图 1-20 所示。按 F10 键保存退出，计算机就会从 U 盘重启。

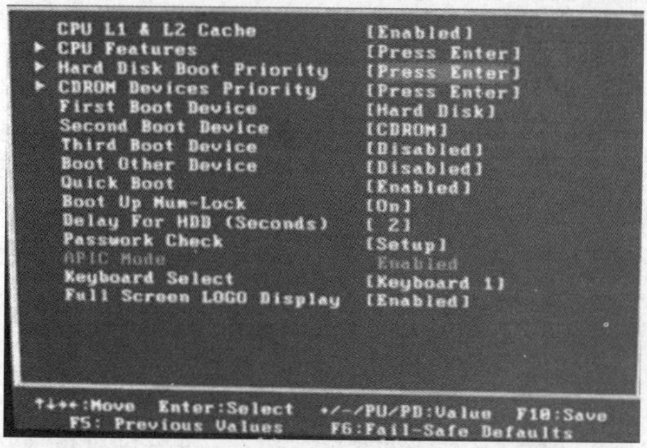

图 1-20　设置 First Boot Device 第一启动项为 USB 设备

3. 进入 PE

启动后进入图 1-21 所示的界面，选择第 2 项"运行 U 深度 Win8PE 装机维护版（新机器）"进入图 1-22 所示的 WinPE 界面。这是一个运行在 U 盘上（不是运行在计算机的硬盘上）的迷你操作系统，它具备很多类似 Windows 的功能，有了它就可以对计算机随心所欲地操作了。在 WinPE 界面中有很多实用工具，如密码管理、引导修复、硬盘分区等。

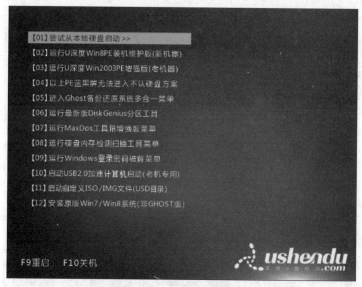

图 1-21　WinPE 启动选项

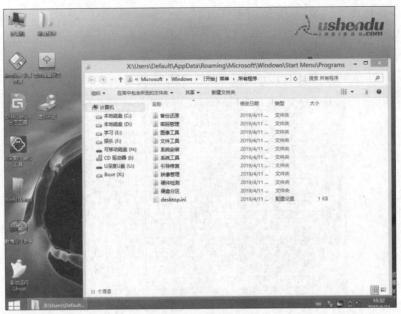

图 1-22　WinPE 界面

4. 手动运行 Ghost 或者一键自动 Ghost 重装系统

在图 1-22 所示的界面中，在 WinPE 的桌面上单击"手动运行 Ghost"或者单击所有程序里的"系统安装工具"，按照图 1-23 所示找到后缀为.GHO 的系统文件。本实验选择的是 WIN 7-32 位的映像文件。确认安装系统到硬盘的哪个分区，一般为 C 盘，单击"确认"按钮。按图 1-24 所示即可把安装程序文件写到 C 盘中。

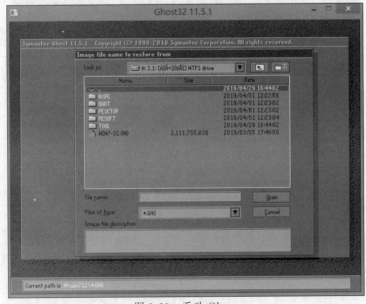

图 1-23　手动 Ghost

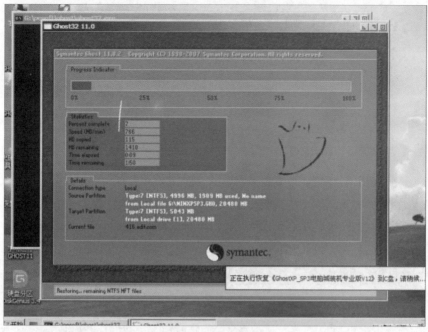

图 1-24　系统正在安装

当进度条到 100％时,单击"退出"按钮。拔掉 U 盘,重启计算机,计算机会自动完成系统文件、驱动等的安装,如图 1-25 所示。几十分钟后全新的系统安装完成,如图 1-26所示。

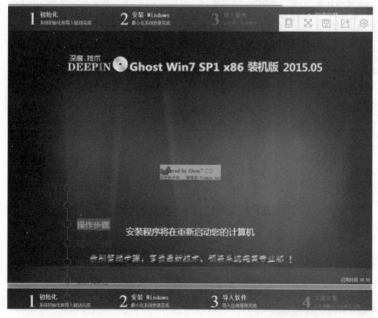

图 1-25　驱动安装

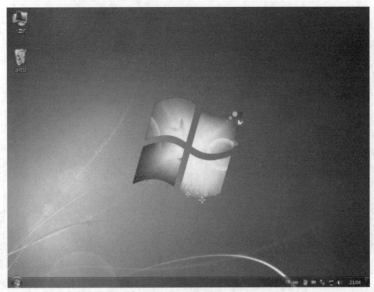

图 1-26　安装完成

　　安装完成后，可以根据自身需要安装常用的软件、卸载不用的软件，使得计算机达到最佳状态。

六、课后作业

　　(1) 如何将 U 盘设为第一启动项？
　　(2) 硬盘分区中的主分区和逻辑分区有什么区别？
　　(3) 文件格式 NTFS 和 FAT 有什么区别？

实验 1-2　Windows 7 操作系统

一、实验目的

　　掌握 Windows 的基本操作，学会使用常用工具软件。

二、实验条件要求

　　(1) 硬件：计算机一台。
　　(2) 操作系统环境：Windows 7。
　　(3) 红蜻蜓抓图软件安装包。

三、实验内容

(1) 认识 Windows 7。

(2) 个性化设置。

(3) 计算机资源管理器。

(4) 软件安装与卸载。

(5) 设置与查看 IP 地址。

(6) 设置环境变量。

(7) Windows 7 常用小工具介绍。

(8) DOS 命令基本操作。

四、实验步骤

1. 认识 Windows 7

1) Windows 7 的启动与退出

实验 1-2　基本操作 1

一般按下开机键,系统自动启动进入 Windows 7 系统。单击"开始"菜单,既可以选择关机,也可以选择切换用户、注销、锁定、重新启动、睡眠,如图 1-27 所示。

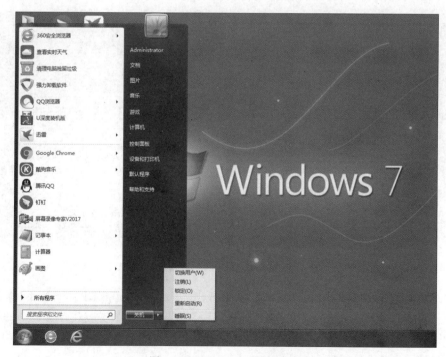

图 1-27　Windows 7 系统退出

2）认识桌面和"开始"菜单

Windows 7 启动进入系统后，界面如图 1-28 所示。

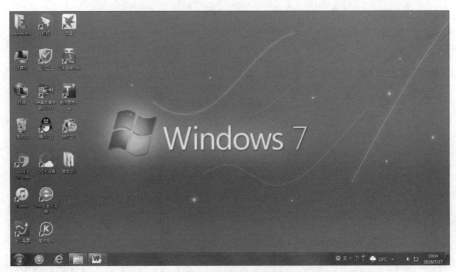

图 1-28　计算机桌面

在图 1-28 所示的计算机桌面上有两种图标：一种是系统图标（不含小箭头），另一种是应用程序的快捷方式图标（含小箭头）。在桌面上右击可以调整图标的大小、排列方式、是否显示等，如图 1-29 所示。

图 1-29　桌面图标调整

单击计算机桌面左下角的"开始"按钮，会弹出"开始"菜单。在图 1-30 所示的"开始"菜单中包含常用程序的图标，也可单击"所有程序"启动任何一个安装在计算机中的程序。同时右击"开始"按钮，在弹出的快捷菜单中选择"属性"还可以对"开始"菜单的外观和行为进行自定义，如图 1-31 所示。

图 1-30 "开始"菜单

图 1-31 "开始"菜单设置

3) Windows 7 窗口

打开任何一个程序或者资源管理器出现的界面都称为 Windows 7 的窗口。在图 1-32 中可以通过"最小化""最大化""向下还原""关闭"按钮对窗口进行操作。

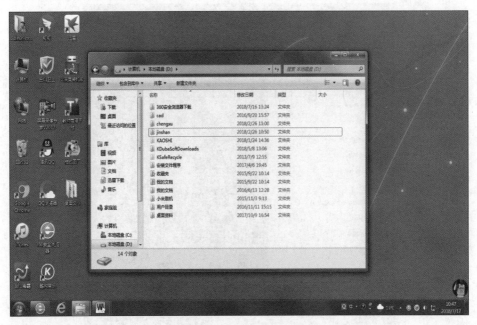

图 1-32　Windows 7 窗口

4）Windows 7 桌面小工具

在 Windows 7 桌面右击，在弹出的快捷菜单中选择"小工具"命令。在图 1-33 中可以根据需要实现向桌面添加常用的工具。右击"时钟"，在弹出的快捷菜单中选择"添加"命令，显示效果如图 1-34 所示。添加后也可以右击选择"关闭小工具"命令或者直接单击小工具上的"关闭"按钮对小工具进行移除。

图 1-33　桌面小工具菜单

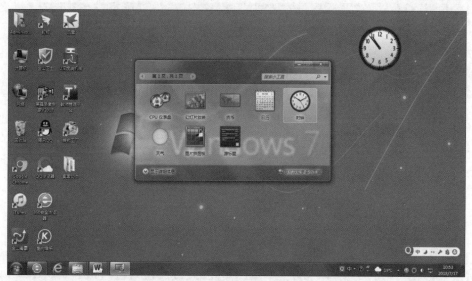

图 1-34　桌面小工具设置

2. Windows 7 个性化设置

1) 设置桌面背景、屏幕保护和分辨率

在 Windows 7 桌面右击,在弹出的快捷菜单中选择"个性化"命令,或者打开"开始"菜单下的控制面板,选择"个性化"选项。可以看到在弹出的窗口中有一个"桌面背景"选项,如图 1-35 所示,单击"桌面背景"选项可以看到界面中有很多系统自带的图片,可以根据自己的兴趣爱好选择其中某张图片作为背景。也可以单击"浏览"按钮选择外部图片作为桌面背景,如图 1-36 所示。

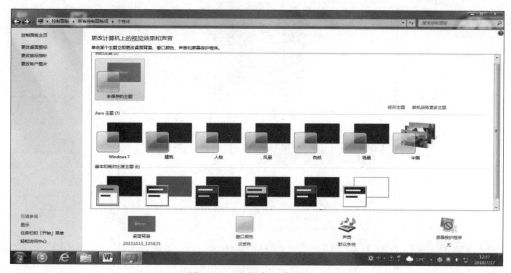

图 1-35　选择桌面背景(一)

图 1-36　选择桌面背景（二）

　　在图 1-35 所示的界面中选择"屏幕保护程序"选项，便可对计算机的屏幕保护程序进行设置。我们可以根据计算机使用时间情况启动计算机屏幕保护程序，用来延长显示器的开启时间。在图 1-37 所示的"屏幕保护程序设置"对话框中，可以设置屏幕保护程序为变幻线、彩带、气泡等多种。

图 1-37　"屏幕保护程序设置"对话框

在 Windows 7 桌面右击,在弹出的快捷菜单中选择"屏幕分辨率"命令。根据计算机屏幕尺寸,可以对计算机屏幕的分辨率在 800×600 像素、1024×768 像素、1280×600 像素、1280×768 像素、1366×768 像素中选择。一般情况下选择推荐分辨率。

2）设置日期和时间

单击任务栏右下角的日期和时间按钮,选择"更改日期和时间设置"选项或者单击控制面板里的"日期和时间"选项,可以对系统的时区、日期和时间进行设置。在打开的选项中,还可以选中"与 Internet 时间服务器同步"复选框,设置系统和因特网时间同步,如图 1-38 所示。

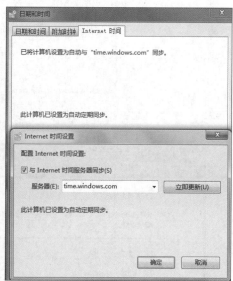

图 1-38　设置日期和时间

3）设置任务栏

将指针移到任务栏上右击,在弹出的快捷菜单中选择"属性"命令;或者右击"开始"菜单,在弹出的快捷菜单中选择"属性"命令;也可以在控制面板里选择"任务栏和'开始'菜单"对任务栏进行设置。打开后的界面如图 1-39 所示,在其中可以对任务栏外观、通知区域等进行设置。单击通知区域的"自定义"按钮,弹出图 1-40,可以设置在任务栏上出现的图标和通知。

4）设置声音

右击任务栏上的"声音"图标,在弹出的快捷菜单中选择"音量控制选项"或者在控制面板中选择"声音"选项,如图 1-41 所示。可以对本计算机进行扬声器、耳机以及系统声音的设置,单击音量图标还可以进行音量调节。

5）设置用户账户

单击"开始"菜单,打开控制面板,再单击"用户账户"选项。在图 1-42 所示的界面中可以看到系统默认有一个管理员账户,可以对此账户进行密码、账户图片等的设置和修改,也可以添加其他权限的账户,如来宾账户。

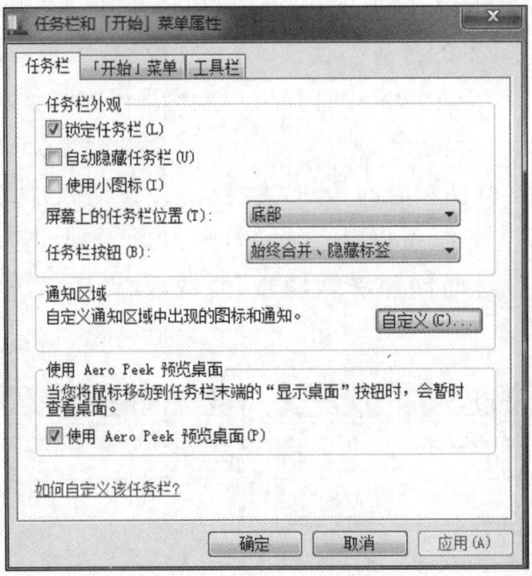

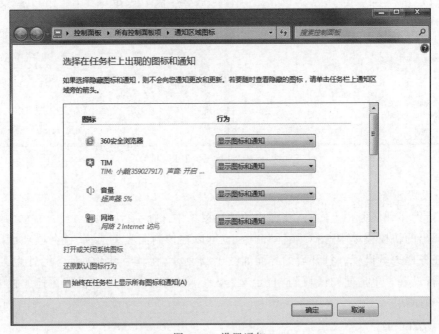

图 1-39　设置任务栏

图 1-40　设置通知

6）设置区域和语言

单击"开始"菜单，打开控制面板，再单击"区域和语言"选项。在图 1-43 所示界面中，可以对系统的日期和时间格式进行设置，单击"其他设置"，还可以对系统的数字、货币、时间、日期等属性进行设置。

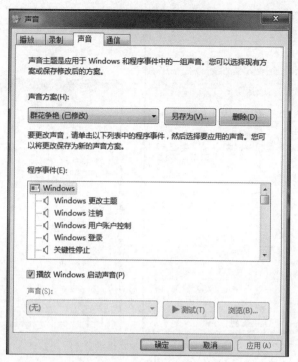

图 1-41 设置声音

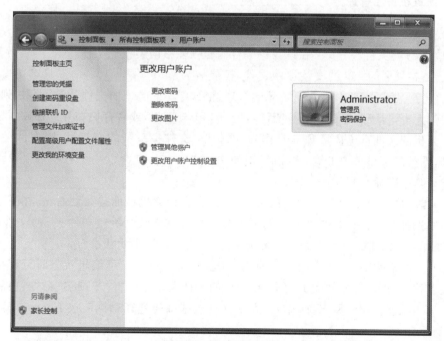

图 1-42 设置用户账户

图 1-43　设置区域和语言

3. 计算机资源管理器

1）文件与文件夹

（1）文件与文件夹介绍：在计算机中存储着很多不同类型的文件，如扩展名为 doc 的文本文件，扩展名为 exe 的安装程序文件，扩展名为 bmp 的图像文件，扩展名为 mp4 的视频文件等。为了方便对计算机资源的管理，把这些不同类型的文件分类后存放到一起，放于文件夹中，再统一存储到计算机硬盘的某一个分区里，或者存储在外部存储器里。

计算机的文件系统被形象地看作为"橱柜"。文件夹系统的高等目录（文件夹）中有"抽屉"，低等的子目录中可能有"抽屉"中的文件夹。文件夹会以一个看起来很像真实文件夹的计算机图标一起呈现出来。

（2）新建文件夹：打开计算机的某个盘，或者在计算机桌面空白处右击，在弹出的快捷菜单中选择"新建"→"文件夹"，就可以建立一个名称为"新建文件夹"的文件夹，如图 1-44 所示。创建的文件夹处于可编辑状态，单击后可退出此状态。

（3）文件夹操作：修改文件夹名称时，在新建文件夹处于可编辑状态时可直接输入文件夹名称，也可以在文件夹上右击，在弹出的快捷菜单中选择"重命名"命令，使文件夹处于可编辑状态。删除原名称，输入"大学计算机基础与计算思维"，按 Enter 键确认，如图 1-45 所示。

另外，通过右击还可以实现对文件夹的删除、移动、复制、剪切，设置文件夹属性等操作。在图 1-46 所示的"新建文件夹属性"对话框中，可以设置文件夹只读和隐藏属性。如果设置成隐藏属性，则文件夹在计算机中将不显示。如果要查看隐藏的文件夹可以打开

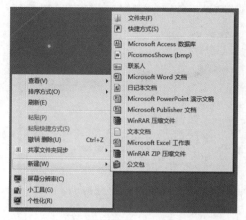
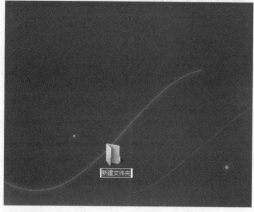

图 1-44 新建文件夹

图 1-45 重命名文件夹

资源管理器,选择"组织"→"文件夹和搜索选项",单击"查看"选项卡对文件夹显示属性进行设置。如图 1-47 所示,选中"显示隐藏的文件、文件夹和驱动器"单选按钮即可显示隐藏的文件夹。在图 1-47 中选中"隐藏已知文件类型的扩展名"复选框,则计算机中所有文件名的后缀将不显示;相应地,取消选中状态,文件名的后缀又恢复显示。

计算机使用过程中,有时需要选择单个文件,有时又需要选择多个文件。选择文件的方法较多(见表 1-1)。选择文件时可以使用鼠标画矩形选择一个区域,也可以使用"Shift+鼠标"选择连续文件,还可以使用"Ctrl+鼠标"选择不连续文件。

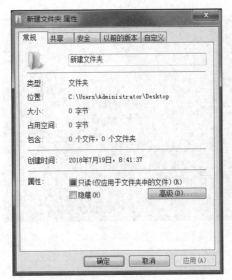

图 1-46 "新建文件夹属性"对话框

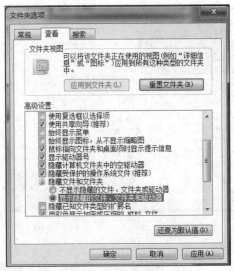

图 1-47 "文件夹选项"对话框

表 1-1 选择文件的方法

方　式	功　　能	操　　作
鼠标	选择一个区域	按住鼠标左键,然后移动鼠标
Shift+鼠标	选择连续文件	先按下 Shift 键,然后单击文件,第 1 次单击选择开始位置,第 2 次单击选择结束位置,两次单击之间的所有文件将被选中
Ctrl+鼠标	选择不连续文件	先按下 Ctrl 键,然后单击需要的文件,每单击一次,选择一个文件

2）压缩与解压文件

进入计算机中任意一个磁盘,使用"Ctrl+鼠标"选择 3～5 个文件,如图 1-48 所示。然后在其中任意一个被选中的文件上面右击,在弹出的快捷菜单中选择"添加到××××.rar"命令,压缩程序便会开始对这些文件进行压缩,并在当前目录下生成一个新的压缩文件。在本示例中最后生成的压缩文件名称是"大学计算机基础与计算思维实验素材.rar"。同样地,如果计算机中存储有扩展名为 rar 的文件需要查看时,可以在该文件上右击,在弹出的快捷菜单中选择"解压到当前文件夹"即可。

4. 软件的安装和卸载

下面以安装和卸载"红蜻蜓抓图精灵"为例进行说明。红蜻蜓抓图精灵（RdfSnap）是一款完全免费的专业级屏幕捕捉软件,能够让用户得心应手地捕捉需要的屏幕截图。

实验 1-2 基本操作 2

安装前,首先下载红蜻蜓抓图精灵安装程序,下载后双击该安装程序将弹出程序安装向导,如图 1-49 所示。阅读向导说明,确保符合条件后单击"下一步"按钮。阅读最终用户软件许可协议,此协议规定了使用该软件时用户必须承担的一些法律责任,建议用户仔细阅读。如果觉得协议的内容可以

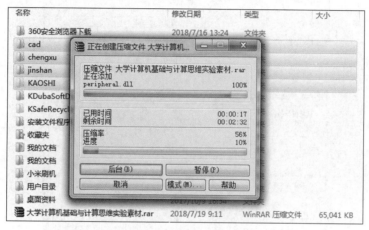

图 1-48 压缩文件

图 1-49 红蜻蜓抓图精灵安装向导

接受,就选择图 1-50 所示的"我接受"按钮,然后单击"下一步"按钮继续。

选择安装的路径,即安装文件在计算机中的存放位置。在默认情况下红蜻蜓抓图精灵安装在"C:\Program Files\Supersoft\Rdfsnap"目录中,可以单击"浏览"按钮来修改安装路径(修改安装路径为 G:\Rdfsnap)。确认安装路径正确后单击"下一步"按钮,如图 1-51 所示。红蜻蜓抓图精灵在安装时,默认会捆绑安装 2345 王牌浏览器,建议取消这

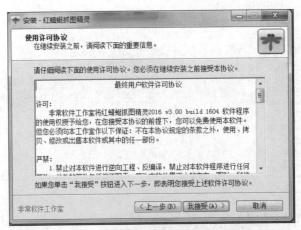

图 1-50　红蜻蜓抓图精灵使用许可协议

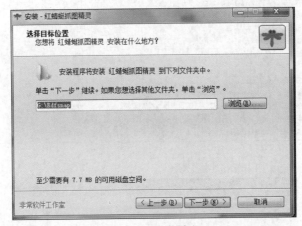

图 1-51　安装路径

个软件的安装，如图 1-52 所示。浏览器推荐使用 Chrome、Firefox 或 IE，尽量不要使用其他浏览器。

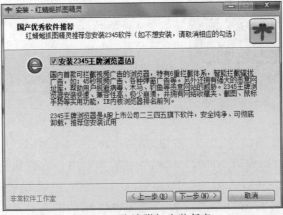

图 1-52　取消附加安装任务

　　红蜻蜓抓图精灵安装的最后一步,会弹出安装完是否运行和显示新特性,用户可以根据需要选择。操作建议取消"安装完成后显示新特性"复选框,节约网络流量使得系统尽量保持原来的样子,如图 1-53 所示。程序安装结束后,可以在"开始"→"程序"→"红蜻蜓抓图精灵"目录中找到该软件的图标,单击后就可以运行,如图 1-54 所示。

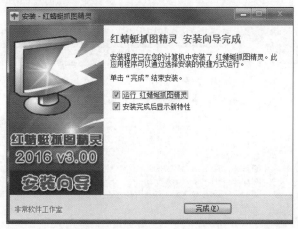

图 1-53　安装完成

图 1-54　程序菜单

如果计算机中某些应用程序不再使用，可以卸载该程序。依次单击"开始"→"控制面板"→"程序和功能"。在系统弹出的如图 1-55 所示的对话框中会列出当前系统所安装的所有程序，可根据实际情况选择不需要的软件进行卸载。例如，想要卸载红蜻蜓抓图精灵时，首先右击该程序，在弹出的快捷菜单中单击"卸载"按钮，按照系统的提示，就可以完成程序的卸载。

图 1-55   卸载或更改程序

5. 设置与查看 IP 地址

1) 设置 IP 地址为自动获取

回到桌面，在任务栏右下角单击"网络连接"图标，然后选择"打开网络和共享中心"，在弹出的窗口中单击"更改适配器设置"，在"本地连接"图标上右击，在弹出的快捷菜单中选择"属性"命令，弹出"本地连接属性"对话框。如图 1-56 所示，选中"Internet 协议版本 4(TCP/IPv4)"复选框，然后再单击"属性"按钮。在弹出的"Internet 协议版本 4(TCP/IPv4)属性"对话框中，选中"自动获取 IP 地址"单选按钮和"自动获得 DNS 服务器地址"单选按钮。

实验 1-2   基本操作 3

2) 查看 IP 地址

查看 IP 地址有两种方法。

(1) 在任务栏右下角单击"网络连接"图标，然后选择"打开网络和共享中心"，在弹出的窗口中单击"更改适配器设置"。再找到"本地连接"右击，在弹出的快捷菜单中选择"状

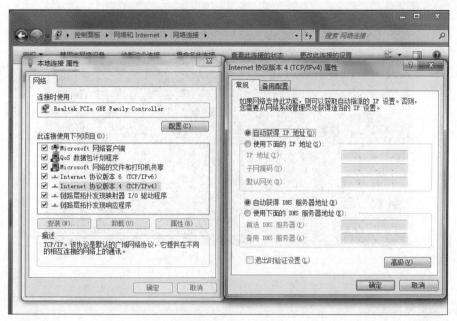

图 1-56 "本地连接属性"对话框和"Internet 协议版本 4(TCP/IPv4)属性"对话框

态"命令,在弹出的"本地连接状态"对话框中单击"详细信息"按钮,即可查看本计算机的 IP 地址,如图 1-57 所示。

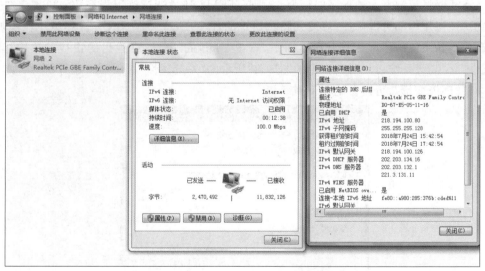

图 1-57 查看 IP 地址

(2) 依次选择"开始"→"运行",在弹出的对话框中输入命令 cmd,然后按 Enter 键。 系统弹出一个命令窗口,在命令窗口中输入 ipconfig,然后按 Enter 键,会显示本计算机的 IP 地址,效果如图 1-58 所示。本例中,计算机的 IPv4 地址是 218.194.100.80,子网掩码 是 255.255.255.128,默认网关是 218.194.100.126。

图 1-58　命令查看 IP 地址

6. 设置环境变量

环境变量是一个由字符串(string)组成的阵列(array)，它是计算机的一系列设置(setting)。环境变量用于指定文件的搜索路径、临时文件目录、特定应用程序(application-specific)的选项和其他类似信息。

环境变量控制着多种程序的行为。例如，TEMP 环境变量指定程序放置临时文件的位置。任何用户都可以添加、修改或删除用户的环境变量。但是，只有管理员才能添加、修改或删除系统的环境变量。在桌面上，右击"计算机"图标，在弹出的快捷菜单中选择"属性"→"高级系统设置"，在弹出的图 1-59 所示的"系统属性"对话框中选择"高级"选项卡中的"环境变量"，可以自定义下列变量。

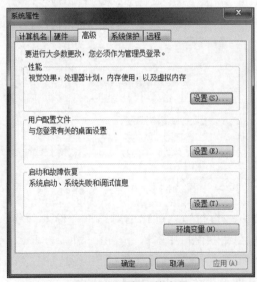

图 1-59　选择环境变量

（1）用于登录用户名(logged_on_user_name)的用户变量。对于特定计算机的每个用户来说，用户变量是不同的，包括由用户设置的任何内容，以及由应用程序定义的所有变量，如应用程序文件的路径。

（2）系统变量。管理员可以添加、修改或删除应用到系统（从而应用到系统中的所有用户）的环境变量。安装期间，Windows 安装程序配置默认的系统变量，如 Windows 文件的路径。

新建环境变量。在图 1-60 所示的 Administrator 的用户变量下单击"新建"按钮，弹出"编辑用户变量"对话框，如图 1-61 所示。将光标移到变量值的最后边，输入变量的值"C:\Windows\system"，单击"确定"按钮。这样就在环境变量中增加了一个值"C:\Windows\system"。

图 1-60　"环境变量"对话框

图 1-61　"编辑用户变量"对话框

7. Windows 7 常用小工具

使用计算机时都会用到各种应用程序和小工具，其实从最早的 Windows 2000 到现在的 Windows 7，系统附件里面都附带一些小工具。单击"开始"菜单，在"附件"一栏中可以看到内置的很多方便实用的小工具，如人们熟悉的画图、计算器、记事本、录音机等，如图 1-62 所示。这些实用小工具都没有快捷方式图标，在"所有程序"的"附件"中才能打开，需多加熟悉以方便后续使用。

8. DOS 命令基本操作

1）打开 DOS 命令框

在"开始"菜单中单击"所有程序"，选择"附件"→"命令提示符"；或按 Windows 徽标＋R 键，打开"运行"对话框，输入 cmd 后按 Enter 键或单击"确定"按钮，出现图 1-63 所示的黑色背景的窗口就代表打开了 DOS 命令框。在命令框中输入相应命令，计算机就会执行相应的操作。DOS 的命令有很多，若不熟悉可以在 DOS 窗口中输入 help 后按 Enter

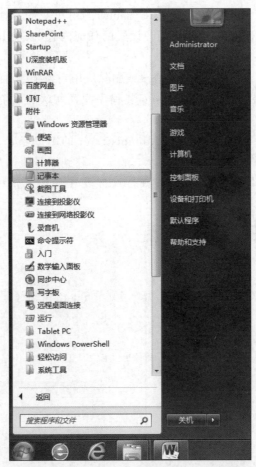

图 1-62　附件

图 1-63　DOS 命令框

键，在图 1-64 中可以看到出现了很多 DOS 常用命令。本节主要介绍文件磁盘命令操作和打开计算机中的常用工具程序。

图 1-64　DOS 常用命令

2）利用 DOS 命令打开程序

只需要在 DOS 中输入某应用程序的名称就可以打开该程序，在图 1-65 所示界面中输入 calc，按 Enter 键，计算机就会打开"计算器"程序。在图 1-66 中，输入 notepad，按 Enter 键，计算机就会打开"记事本"程序。

图 1-65　DOS 打开"计算器"程序

图 1-66　DOS 打开"记事本"程序

3）改变需要进入的磁盘

如果要对硬盘某一分区的文件进行操作，先要进入某一分区。进入方法：输入盘符＋英文冒号（:）。如要进入 E 盘，只需输入"e:"按 Enter 键即可，如图 1-67 所示。

图 1-67　改变盘符结果

4）使用 dir 命令查看并显示文件信息

先在 Windows 的资源管理器中查看"C:\Windows\Debug"文件夹中的内容，如图 1-68 所示，然后再用 dir 命令查看，比较两边的结果会发现，dir 查看时多出了两个文件夹，一个叫"."，另一个叫".."，如图 1-69 所示，这两个文件夹是 DOS 自建的特殊目录，一个表示"当前目录"，另一个表示"上一层目录"。

5）使用 md 命令创建文件夹

使用 md 命令创建文件夹，如图 1-70 所示。创建成功后在 DOS 下没有任何提示，可以切换到 Windows 下查看该文件夹确定已创建成功，且其下没有任何文件和子文件夹，如图 1-71 所示。

图 1-68 在资源管理器中查看文件

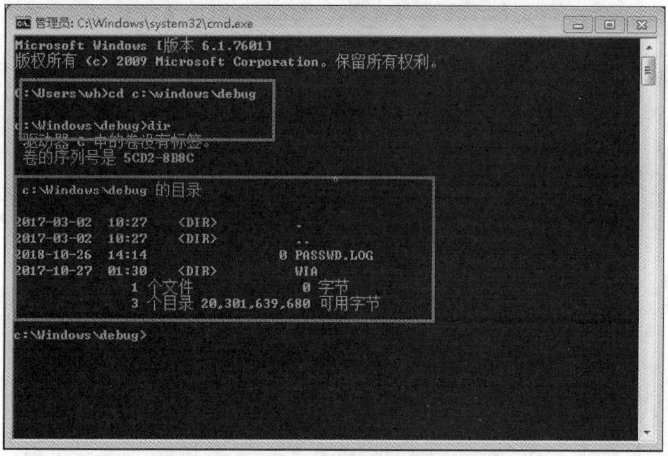

图 1-69 使用 DOS 命令查看文件

图 1-70 使用 md 命令创建文件夹

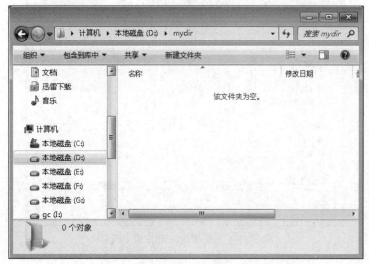

图 1-71 在资源管理器中查看创建的文件夹

6）其他操作命令

DOS 命令还有很多，相应的操作自行练习。常用命令的使用方法如下。

（1）进入目录命令：CD(change directory)。

功能：改变当前目录。

格式：

CD［盘符:］［路径名］［子目录名］

说明：

① 根目录是磁盘驱动器目录树结构的顶层，要返回到根目录，在命令行输入"cd\"。

② 如果想返回到上一层目录，在当前命令提示符下输入"cd."。

③ 如果想进入下一层目录，在当前命令提示符下输入"cd 目录名"。

（2）创建文件命令：EDIT。

功能：创建文本格式文件。

格式：

EDIT［盘符:］［路径名］<文件名>

说明：

① 仅可编辑纯文本格式的文件。

② 指定文件存在时则打开并编辑该文件，不存在时则新建该文件。

（3）显示文件内容命令：TYPE。

功能：把指定的文件内容在屏幕上显示或打印输出。

格式：

TYPE［盘符:］［路径］<文件名>

说明：

① 可以正常显示纯文本格式文件的内容，而扩展名为 com 和 exe 等显示出来是乱码。

② 一次只能显示一个文件内容，所以文件名不能使用通配符。

（4）文件复制命令：COPY。

功能：复制一个或多个文件到指定位置。

格式：

COPY［源盘］［路径］<源文件名>［目标盘］［路径］［目标文件名］

说明：

① 源文件指定要复制的文件来自哪里——［盘符1:］［路径1］［文件名1］。

② 目标文件指定文件复制到哪里——［盘符2:］［路径2］［文件名2］。

③ 如缺省盘符则为当前盘符，路径若为当前目录可缺省路径。

④ 源文件名不能缺省，目标文件名缺省时表示复制后不改变文件名。

（5）显示目录树结构命令：TREE。

功能：显示指定驱动器上所有目录路径和这些目录下的所有文件名。

格式：

TREE［盘符:］［路径］</f>

（6）文件改名命令：REN。

功能：对指定目录下的文件改名。

格式：

REN［盘符:］［路径］<旧文件名><新文件名>

说明：

① 改名后的文件仍在原目录中，不能对新文件名指定盘符和路径。

② 可以使用通配符来实现批量改名。

（7）查看和修改文件属性命令：ATTRIB。

功能：显示、设置或删除指派给文件或目录的只读、存档、系统以及隐藏属性。

格式：

［盘符］［路径］ATTRIB［文件名］［+S/-S］［+H/-H］［+R/-R］［+A/-A］

说明：

① 盘符和路径指出 ATTRIB.EXE 位置。

② 参数+S/-S：对指定文件设置或取消系统属性。

③ 参数+H/-H：对指定文件设置或取消隐含属性。

④ 参数+R/-R：对指定文件设置或取消只读属性。

⑤ 参数+A/-A：对指定文件设置或取消归档属性。

⑥ 省略所有参数时，该命令功能是显示指定文件的属性。

（8）删除文件命令：DEL。

功能：删除一个或多个文件。

格式：

DEL [盘符:][路径]<文件名>[/P]

说明：

① 此命令中的文件名可使用通配符，实现一次删除一批文件（但要慎重使用，以免误操作）。

② 与删除子目录命令相结合，可将非空目录删除，方法是先用 DEL 删除指定目录下的文件，使其成为空目录，然后再用 RD 删除目录。

（9）删除目录命令：RD(remove directory)。

功能：从指定的磁盘删除目录。

格式：

RD [盘符:][路径名][子目录名]

五、课后作业

（1）根据本实验步骤提示，挑选任意 4 个 Windows 7 桌面实验进行模仿测试。

（2）根据 DOS 命令基本操作，挑选任意 3 个命令进行模拟测试。

（3）Windows 7 桌面上如何显示图标？如计算机、浏览器、网上邻居等。

（4）桌面上的快捷操作有很多，如 Windows＋D 键返回桌面，自行上网查询 5 个常用快捷键，进行测试，并写出其代表的功能。

第 2 章　电子文档的制作与编排

实验 2-1　电子文档的制作与编排(一)

一、实验目的

(1) 熟悉 Microsoft Word 2010 软件,掌握工作界面设定方法。

(2) 掌握页面设置、字符和段落排版方法,会进行简单文档的排版。

(3) 掌握规范表格的制作和排版方法,会对表格中的数据进行计算。

(4) 掌握简单的页眉和页脚设置方法。

二、实验条件要求

(1) 硬件:计算机。

(2) 系统环境:Windows 7。

(3) 软件环境:Microsoft Word 2010。

三、实验基本知识点

1. Word 2010 的工作窗口

Word 2010 的工作窗口主要包括快速访问工具栏、标题栏、窗口控制按钮栏、功能区、文档编辑区、标尺、滚动条、状态栏、视图栏和视图显示比滑块等,如图 2-1 所示。

快速访问工具栏:快速访问工具栏位于工作窗口的顶部,用于快速执行某些操作。

标题栏:标题栏位于快速访问工具栏右侧,用于显示文档和程序的名称。

窗口控制按钮栏:窗口控制按钮栏位于工作界面的右上角,单击窗口控制按钮,可以最小化、最大化或关闭程序窗口。

功能区:功能区几乎包括了 Word 2010 所有的编辑功能,单击功能区上方的选项卡,下方显示与之对应的编辑工具。

文档编辑区:文档编辑区用于文档的显示、编辑和修改,利用 Word 2010 进行文字处理时,所有的工作都在这个文档编辑区中进行,主要包括新建或打开一个文档文件,输入文档的文字内容并进行编辑,利用 Word 2010 的排版功能对文档的字符、段落和页面进行排版,在文档中制作表格和插入对象,将文件预览后打印输出等。

标尺:标尺包括水平标尺和垂直标尺两种,标尺上有刻度,用于对文本位置进行定

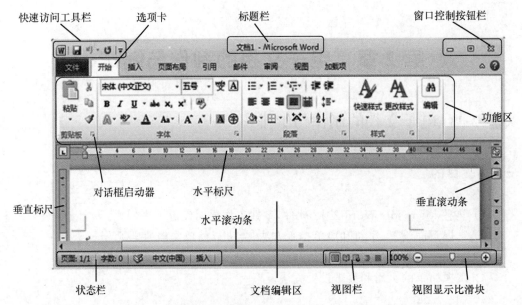

图 2-1　Word 2010 的工作窗口

位,利用标尺可以设置页边距、字符缩进和制表位。标尺中部白色部分表示版面的实际宽度,两端浅蓝色的部分表示版面与页面四边的空白宽度。在"视图"选项卡的"显示"组中选中"标尺"复选框,可以将标尺显示在文档编辑区。

　　滚动条:滚动条可以对文档进行定位,工作窗口有水平滚动条和垂直滚动条,单击滚动条两端的三角按钮或用鼠标拖动滚动条可使文档上下或左右滚动。

　　状态栏:状态栏位于窗口左下角,用于显示文档页数、字数及校对信息等。

　　视图栏和视图显示比滑块:视图栏和视图显示比滑块位于窗口右下角,用于切换视图的显示方式以及调整视图的显示比例。

2. Word 2010 的文档操作

1) 新建文档

(1) 单击快速访问工具栏上的"新建"按钮,可以建立一个新的空白文档。

(2) 在 Word 2010 中按 Ctrl+N 键,可以建立一个新的空白文档。

(3) 选择"文件"菜单中的"新建"命令,在任务窗格的"空白文档"下单击"创建"按钮,可以新建一个空白文档。

(4) 在桌面空白处右击,在弹出的快捷菜单中选择"新建"→"Microsoft Word 文档",可以新建一个空白文档。

2) 打开文档

(1) 单击"文件"菜单中的"打开"按钮📂,按照路径找到该文件,选中这个文件,单击"打开"按钮。

(2) 在 Word 2010 中按 Ctrl+O 键打开文档。

（3）单击"文件"菜单中的"最近所用文件"，将显示最近打开过的文档，单击其中一个，可以打开相应文档。

3）保存文档

（1）单击快速访问工具栏上的"保存"按钮。

（2）选择"文件"菜单中的"保存"命令。

（3）在 Word 2010 中按 Ctrl＋S 键保存文档。

（4）选择"文件"菜单中的"另存为"命令打开对话框，输入新文件名，单击"保存"按钮。

4）关闭文档和退出文档

如果要关闭某个文档，可直接单击窗口控制按钮栏的"关闭"按钮☒。

3. 文本输入

Word 数据输入

1）即点即输

利用"即点即输"功能，可以在文档空白处任意位置快速定位插入点和设置对齐格式，输入文字，插入表格、图片和图形等内容。

当将光标移到特定格式区域时，"即点即输"光标形状发生变化，即在光标附近（上、下、左、右）出现将要应用的格式图标，表明双击此处能应用的格式设置，这些格式包括左对齐、居中、右对齐、左缩进、左侧或右侧文字环绕。

2）插入符号

在输入文本时，想输入一些键盘上没有的特殊的符号（如俄、日、希腊文字符，数学符号，图形符号等），除了利用汉字输入法的软键盘外，还可利用 Word 提供的"插入符号"功能实现。

插入符号的具体操作步骤如下。

（1）将插入点移至要插入符号的位置（插入点可以用键盘的↑、↓、←、→键来移动，也可以移动光标到选定的位置并单击）。

（2）单击"插入"功能区"符号组中的"符号"命令，在出现的列表框中，上方列出了最近插入过的符号和"其他符号"按钮。如果需要插入的符号位于列表框中，单击该符号即可；否则，单击"其他符号"按钮，打开如图 2-2 所示的"符号"对话框。

（3）在"符号"选项卡"字体"下拉列表中选择适当的字体项（如"普通文本"），在符号列表框中选择需插入的符号，再单击"插入"按钮就可将所选择的符号插入到文档的插入点。

（4）单击"关闭"按钮，关闭"符号"对话框。

3）插入日期和时间

插入日期和时间的具体步骤如下。

（1）将插入点移至要插入日期和时间的位置。

（2）单击"插入"功能区"文本"组中的"日期和时间"按钮，打开如图 2-3 所示的"日期和时间"对话框。

（3）在"语言"下拉列表中选择"中文（中国）"或"英文（美国）"，在"可用格式"列表框中选择所需的格式。如果选中"自动更新"复选框，则所插入的日期和时间会自动更新，否

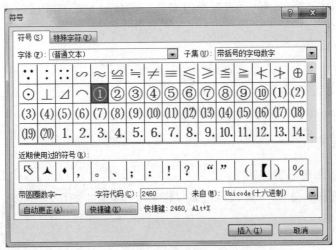

图 2-2　"符号"对话框

则保持插入时的日期和时间。

（4）单击"确定"按钮，即可在插入点插入当前的日期和时间。

4）插入脚注和尾注

在编写文章时，常常需要对一些从别人的文章中引用的内容、名词或事件加以注释，称为脚注或尾注。脚注和尾注的区别是脚注位于每一页面的底端，而尾注位于文档的结尾处。

插入脚注和尾注的操作步骤如下。

（1）将插入点移至需要插入脚注或尾注的文字之后。

（2）单击"引用"功能区"脚注"组中右下角的箭头，打开如图 2-4 所示的"脚注和尾注"对话框。

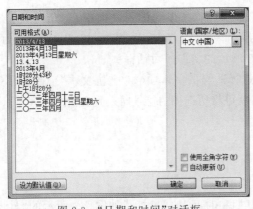

图 2-3　"日期和时间"对话框

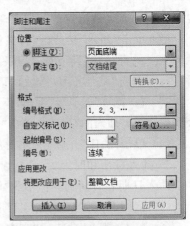

图 2-4　"脚注和尾注"对话框

（3）在对话框中选中"脚注"或"尾注"单选按钮，设定注释的编号格式、自定义标记、起始编号等。

5）插入另一个文档

利用 Word 插入文件的功能，可以将几个文档连接成一个文档，具体步骤如下。

（1）将插入点移至要插入另一个文档的位置。

（2）单击"插入"功能区"文本"组中"对象"下拉按钮，在下拉菜单中选择"文件中的文字"命令，打开"插入文件"对话框。

（3）在"插入文件"对话框中选择所要插入的文档。

4. 文字格式的设置

1）字体、字形、字号和颜色

（1）选定要设置格式的文本。

（2）单击"开始"功能区"字体"组中"字体"列表框 宋体 的下拉按钮，在展开的"字体"下拉列表中单击所需的字体。

（3）单击"开始"功能区"字体"组中"字号"列表框 五号 的下拉按钮，在展开的"字号"下拉列表中单击所需的字号。

（4）单击"开始"功能区"字体"组中"字体颜色"列表框 A 的下拉按钮，在展开的"颜色"下拉列框中单击所需的字体颜色。

（5）如果需要，还可单击"开始"功能区"字体"组中"加粗""倾斜""下画线""字符边框""字符底纹"或"字符缩放"等按钮，给所选的文字设置相应格式。

2）字符间距、字宽度和水平位置

（1）选定要调整的文本。

（2）右击，在弹出的快捷菜单中选择"字体"命令，弹出如图 2-5 所示的"字体"对话框。

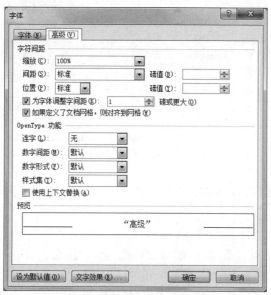

图 2-5 "字体"对话框

（3）单击"高级"选项卡，设置后，可在预览框中查看设置结果，确定后单击"确定"按钮。

3）下画线、着重号

（1）选定要加下画线或着重号的文本。

（2）右击，在弹出的快捷菜单中选择"字体"命令，打开"字体"对话框。

（3）在"字体"选项卡中，单击"下画线线型"列表框的下拉按钮，打开下画线线型下拉列表并选择所需的下画线。

（4）在"字体"选项卡中，单击"下画线颜色"列表框的下拉按钮，打开下画线颜色下拉列表并选择所需的颜色。

（5）单击"着重号"列表框的下拉按钮，打开着重号列表并选择所需的着重号。

（6）查看预览框，确认后单击"确认"按钮。

在"字体"选项卡中，还有一组复选框，如删除线、双删除线、上标、下标等，选中某复选框可设置相应的字体格式，其中上标、下标格式在简单公式的编辑中应用较多。

4）边框和底纹

（1）选定要加边框的文本。

（2）单击"页面布局"功能区"页面背景"组中的"页面边框"按钮，打开如图 2-6 所示的"边框和底纹"对话框。

图 2-6　"边框和底纹"对话框

（3）在"页面边框"选项卡的"设置""样式""颜色""宽度"等列表框中选择所需的参数。

（4）在"应用于"列表框中选择"文本"。

（5）在"预览"框中可查看结果，确认后单击"确认"按钮。

如果要加"底纹"，单击"底纹"选项卡，做类似上述的操作，在选项卡中选择底纹的颜色和图案；在"应用于"列表框中选择"文本"；在预览框中可查看结果，确认后单击"确认"按钮。

5. 段落的排版

1）对齐方式

（1）选定拟设置对齐方式的段落。

（2）单击"开始"功能区"段落"组中右下角的箭头，打开如图 2-7 所示的"段落"对话框。

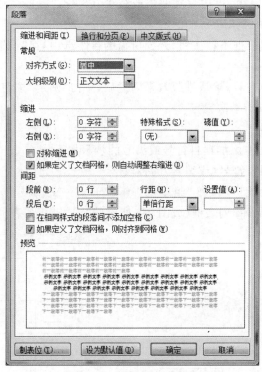

图 2-7 "段落"对话框

（3）在"缩进和间距"选项卡中，单击"对齐方式"列表框的下拉按钮，在对齐方式的列表中选择相应的对齐方式。

（4）在"预览"框中查看，确认排版效果满意后，单击"确定"按钮；若排版效果不理想，可单击"取消"按钮取消本次设置。

2）左右边界

（1）选定拟设置左、右边界的段落。

（2）打开"段落"对话框，在"缩进和间距"选项卡中，单击"缩进"组中的"左侧"或"右侧"文本框的微调按钮，设定左右边界的字符数。

（3）单击"特殊格式"列表框的下拉按钮，选择"首行缩进""悬挂缩进"或"无"确定段落首行的格式。

（4）在"预览"框中查看，确认排版效果满意后，单击"确定"按钮；若排版效果不理想，可单击"取消"按钮取消本次设置。

3）行间距与段间距

行间距是指当前行底端和上一行底端的距离，段间距是指两段之间的距离，行间距、段间距的单位可以是厘米、磅（1 磅≈0.35 毫米）以及当前行距的倍数。具体设置步骤如下。

（1）选定要改变段间距和行间距的段落。

（2）打开"段落"对话框，单击"缩进和间距"选项卡中"间距"组的"段前"和"段后"文本框的微调按钮，设定间距，每按一次增加或减少 0.5 行，"段前""段后"选项分别表示所选段落与上、下段之间的距离。

（3）单击"行距"列表框下拉按钮，选择所需的行距选项，在"设置值"框中要输入具体的设置值。

（4）在"预览"框中查看，确认排版效果满意后，单击"确定"按钮；若排版效果不理想，则可单击"取消"按钮取消本次设置。

4）项目符号和编号

对已输入的各段文本添加项目符号或编号的步骤如下。

（1）选定要添加项目符号（或编号）的各段落。

（2）单击"开始"功能区"段落"组中的"项目符号"（或"编号"）的下拉按钮，打开如图 2-8 所示的"项目符号库"列表框（或图 2-9 所示的"编号库"列表框）。

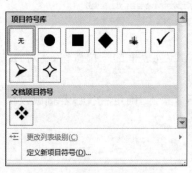

图 2-8　"项目符号库"列表框　　　　图 2-9　"编号库"列表框

（3）在"项目符号库"（或"编号库"）列表中，选择所需要的项目符号（或编号），再单击"确定"按钮。

（4）如果"项目符号库"（或"编号库"）列表中没有所需要的项目符号（或编号），可以单击"定义新项目符号"（或"定义新编号格式"）按钮，在打开的对话框中，选择或设置所需要的符号项目（或编号）。

6. 版面设置

1）页面设置

纸张大小、页边距确定了可用文本区域。页面宽度等于纸张宽度减左页边距和右页边距，页面高度等于纸张高度减上页边距和下页边距，如图 2-10 所示。

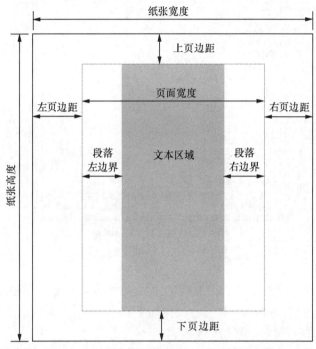

图 2-10　纸张大小、页边距和文本区域示意图

可以使用"页面布局"功能区"页面设置"组中的各项功能来设置纸张大小、页边距和纸张方向等。

具体步骤如下。

（1）单击"页面布局"功能区"页面设置"组中右下角的箭头，打开如图 2-11 所示的"页面设置"对话框。对话框中包含"页边距""纸张""版式"和"文档网格"4 个选项卡。

（2）在"页边距"选项卡中，可以设置上、下、左、右页边距，纸张方向和页码范围，以及应用范围和装订位置。

（3）在"纸张"选项卡中，可以设置纸张大小和来源等。

（4）在"版式"选项卡中，可以设置页眉和页脚在文档中的编排及距边界的位置，还可设置文本的垂直对齐方式等。

（5）在"文档网络"选项卡中，可以设置每一页的行数和每行的字符数，还可设置文字的排列方向等。

（6）设置完成后，可查看预览框的效果。若满意，可单击"确定"按钮，否则，单击"取消"按钮取消本次设置。

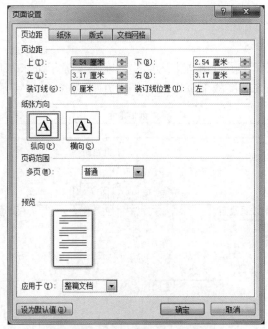

图 2-11　"页面设置"对话框

2）插入分页符

Word 具有自动分页的功能。但有时为了将文档的某一部分单独形成一页，可以插入分页符进行人工分页。插入分页符的步骤如下。

（1）将插入点移到新的一页的开始位置。

（2）按 Ctrl+Enter 键；或单击"插入"功能区"页"组中的"分页"按钮；还可以单击"页面布局"功能区"页面设置"组中的"分隔符"下拉按钮，在打开的"分隔符"列表中，单击"分页符"命令。

（3）在普通视图下，人工分页符是一条水平虚线。如果想删除分页符，只要把插入点移到人工分页符的水平虚线上，按 Delete 键即可。

3）插入页码

插入页码的具体步骤如下。

单击"插入"功能区"页眉和页脚"组中的"页码"按钮，打开如图 2-12 所示的"页码"下拉菜单，根据所需在下拉菜单中选择页码的位置。只有在页面视图和打印预览方式下才可以看到插入的页码，在其他视图下看不到页码。

如果要更改页码的格式，可单击"页码"下拉菜单中的"设置页码格式"命令，打开如图 2-13 所示的"页码格式"对话框，在此对话框中设定页码格式并单击"确定"按钮返回 Word 2010 工作窗口。

4）页眉和页脚

（1）建立页眉、页脚。页眉和页脚是打印在页面顶部和底部的注释性文字或图形，建立页眉、页脚的具体步骤如下。

图 2-12 "页码"下拉菜单 　　　　　 图 2-13 "页码格式"对话框

① 单击"插入"功能区"页眉和页脚"组中的"页眉"按钮,打开"内置"页眉版式列表,如图 2-14 所示。如果在草稿或大纲视图下执行此命令,则会自动切换到页面视图。

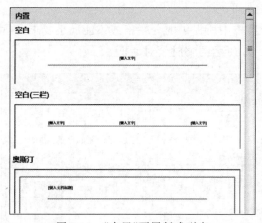

图 2-14 "内置"页眉版式列表

② 在"内置"页眉版式列表中选择所需要的页眉版式,并输入页眉内容。当选定页眉版式后,Word 窗口中会自动添加一个名为"页眉和页脚工具→设计"的功能区,并使其处于激活状态,此时,仅能对页眉内容进行编辑操作。

③ 如果"内置"页眉版式列表中没有所需要的页眉版式,可以单击"内置"页眉版式列表下方的"编辑页眉"命令,直接进入"页眉"编辑状态输入页眉内容,并在"页眉和页脚工具→设计"功能区中设置页眉的相关参数。

④ 单击"关闭页眉和页脚"按钮,完成设置并返回文档编辑区。这时,整个文档的各页都具有同一格式的页眉。

(2)建立奇偶页不同的页眉。在文档排版过程中,有时需要建立奇偶页不同的页眉。具体建立步骤如下。

① 当光标定位在正文第 1 页,进入"页面设置",在"版式"中设置"页眉和页脚"为"奇偶不同"。

② 单击"插入"功能区"页眉和页脚"组中的"页眉"按钮,在弹出的下拉菜单中选择

"编辑页眉"命令,进入页眉编辑状态,可以分别编辑奇偶页的页眉内容。

③ 单击"关闭页眉和页脚"按钮,设置完毕。

（3）删除页眉、页脚。单击"插入"功能区"页眉和页脚"组中的"页眉"按钮,在弹出的下拉菜单中选择"删除页眉"命令可以删除页眉;类似地,执行"页脚"下拉菜单中的"删除页脚"命令可以删除页脚;另外,选定页眉（或页脚）并按 Delete 键,也可删除页眉（或页脚）。

5）分栏排版

分栏使得版面显得更为生动、活泼,增强可读性。使用"页面布局"功能区"页面设置"组中的"分栏"按钮可以实现文档的分栏,具体操作如下。

（1）如要对整个文档分栏,则将插入点移到文本的任意处;如要对部分段落分栏,则应先选定这些段落。

（2）单击"页面布局"功能区"页面设置"组中的"分栏"按钮,打开"分栏"下拉菜单,单击所需格式的分栏按钮即可。

（3）若"分栏"下拉菜单中所提供的分栏格式不能满足要求,则可单击菜单中的"更多分栏"命令,打开如图 2-15 所示的"分栏"对话框。

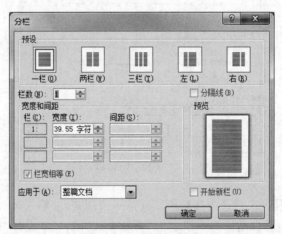

图 2-15 "分栏"对话框

（4）选择"预设"框中的分栏格式,或在"栏数"文本框中输入分栏数,在"宽度和间距"框中设置栏的"宽度"和"间距"。

（5）单击"栏宽相等"复选框,则各栏宽相等,否则可以逐栏设置宽度。

（6）单击"分隔线"复选框,可以在各栏之间加一条分隔线。

（7）"应用于"框中有"整篇文档""插入点之后",随具体情况选定后单击"确定"按钮。

6）首字下沉

首字下沉的具体操作如下。

（1）将插入点移到要设置或取消首字下沉的段落的任意处。

（2）单击"插入"功能区"文本"组中的"首字下沉"按钮,在打开的下拉菜单中,从"无"

"下沉"和"悬挂"3 种首字下沉格式命令中选择一种。

（3）若需设置更多"首字下沉"格式的参数，可以单击下拉菜单中的"首字下沉选项"命令，打开"首字下沉"对话框进行设置。

7）水印

"水印"是页面背景的形式之一，设置"水印"的具体方法如下。

（1）单击"页面布局"功能区"页面背景"组中的"水印"按钮，在打开的下拉列表框中，选择所需的水印即可。

（2）若列表中的水印选项不能满足要求，则可单击下拉列表框中的"自定义水印"命令，打开"水印"对话框，进一步设置水印参数。

（3）单击"确定"按钮完成设置。

7. 文档打印

1）打印预览

单击"文件"→"打印"，在打开的"打印"窗口面板右侧就是打印预览内容，如图 2-16 所示。

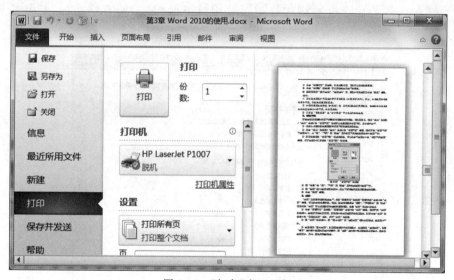

图 2-16 "打印"窗口面板

2）打印文档

（1）打印一份文档：单击"打印"窗口面板上的"打印"按钮。

（2）打印多份文档副本：在"打印"窗口面板上的"份数"文本框中输入要打印的文档份数，然后单击"打印"按钮。

（3）打印一页或几页：单击"打印所有页"右侧的下拉按钮，在打开的下拉列表中的"文档"组中，如果选择"打印当前页面"，则只打印当前插入点所在的一页；如果选择"打印自定义范围"，则要进一步设置需要打印的页码或页码范围。

四、实验步骤

1. Word 的启动和工作界面设定

建立 Word 的快捷方式，并利用该快捷方式启动 Word，观察 Word 用户界面，同时观察文档窗口在不同的视图下显示的不同，设置 Word 的工作界面，步骤如下。

（1）在 Windows 操作系统中，选择屏幕左下角的"开始"→"所有程序"→Microsoft Office→Microsoft Word 2010，打开 Word 应用程序，对照图 2-1 认识 Word 2010 工作窗口。

Word 的启动和
工作界面设定

（2）在 Word 2010 窗口的视图栏找到视图切换按钮，在"页面视图""阅读版式视图""Web 版式视图""大纲视图""草稿"中切换，观察屏幕中的工作区有什么变化。最后，将视图方式切换为"页面视图"，并在该视图下完成下面的其他实验。

（3）选择"文件"→"选项"，打开"Word 选项"对话框，在该对话框的"显示"选项卡中找到"始终在屏幕上显示这些格式标记"，选中其下的"显示所有格式标记"复选框，如图 2-17 所示。

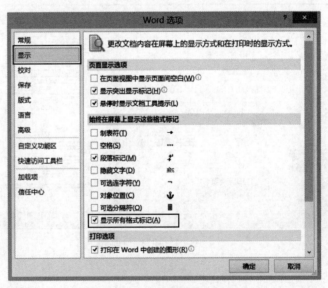

图 2-17　Word 选项显示设置

（4）选择"文件"→"选项"，打开"选项"对话框，在该对话框的"高级"选项卡中找到"显示"，在其下设置"显示此数目的'最近使用的文档'"为 10，设置 Word 的"度量单位"为"厘米"，如图 2-18 所示。

（5）单击"文件"菜单下的"保存"命令，以本人的"学号姓名 2-1.docx"为文件名（如"20181101001 李晓 2-1.docx"）保存在 D 盘根目录下。

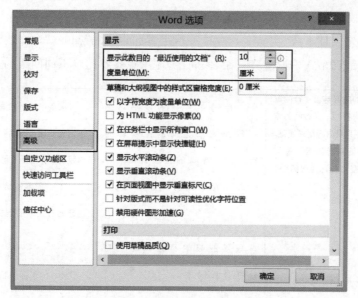

图 2-18　选项高级设置

2. 页面设置

在上一步建立的文档中,单击"页面布局"功能区"页面设置"组右下角的下拉按钮,按以下要求对页面进行设置。

页面设置

（1）纸张：A4。

（2）页边距：上、下、左、右均为 2 厘米,纸张方向为纵向。

（3）版式：页眉距边界 1.5 厘米、页脚距边界 1.5 厘米。

（4）文档网格：字体设置——中文字体为中文正文、西文字体为西文正文,字形为常规、字号为五号;绘图网格——水平间距为 0.01 字符,垂直间距为 0.01 行;指定行和字符网格——每行 40 个字符,每页 40 行。

3. 字符和段落排版

在刚做完的页面设置文档中完成以下任务。

字符和段落排版

1）字符排版

做出如表 2-1 所示的文字排版效果。

表 2-1　文字排版效果

字　符	边框及底纹	颜　色	字　号	备　注
计算机基础	加波浪边框	白色,背景1,深色25％	10	
计算机基础	加阴影边框及15％底纹	红色	9.5	
计算机基础	加直下画线	黄色	9	小五
计算机基础	加波浪下画线及删除线	绿色	8.5	

2）行距、段间距设置

在本书指定网址下载"实验 2-1 素材 1-行距、段间距设置.docx"，分别按如图 2-19 所示的要求在"段落"格式中设置其行距、段间距，注意观察和比较不同间距的效果。

段落中一行的底部与上一行的底部之间的距离称为行距，两行间的空白距离（行间距）可以由行距来调整。 　　上一段落的结束行与下一段落的起始行之间的空白处称为段间距。	段落中一行的底部与上一行的底部之间的距离称为行距，两行间的空白距离（行间距）可以由行距来调整。 　　上一段落的结束行与下一段落的起始行之间的空白处称为段间距。	段落中一行的底部与上一行的底部之间的距离称为行距，两行间的空白距离（行间距）可以由行距来调整。 　　上一段落的结束行与下一段落的起始行之间的空白处称为段间距。
a.单倍行距、段前段后空 0 行	b.字间距加宽 1 磅、1.5 倍行距 　段前 0.5 行，段后 0.5 行	c.行距固定为 20 磅

图 2-19　行距、段间距设置

任意选择图 2-19 中的一段文字，分别进行两端对齐、左对齐、居中对齐、右对齐、分散对齐操作，观察并比较 5 种对齐方式各自的效果特点。

3）编号和项目符号

在本书指定网址下载"实验 2-1 素材 2-编号和项目符号.docx"，使用"开始"功能区"段落"组中的"项目符号"≡· 和"编号"≡· 命令，分别为其设置下面样式的编号和项目符号，如图 2-20 所示。

1.前言 2.研究现状与目标 2.1 国际研究现状 2.2 国内研究现状 2.3 研究目标 3.研究内容 4.研究方法 4.1 理论研究 4.2 开发 4.3 推广	◆　前言 　　●　研究现状与目标 　　●　国际研究现状 　　●　国内研究现状 　　●　研究目标 ◆　研究内容 ◆　研究方法 　　●　理论研究 　　●　开发 　　●　推广
a.编号	b.项目符号

图 2-20　编号和项目符号

4. 简单文档排版练习

1）普通排版

在作业文档中插入一个分页符（单击"插入"功能区"页"组中的"分页"按钮），另起一页，输入图 2-21 中的文字，也可在本书指定网址下载"实验 2-1 素材 3-普通排版.docx"复制到文档中，并完成以下排版任务。

简单文档
排版练习

（1）字体设置：自行判断文字使用的是宋体、楷体或是黑体，然后进行设置。选择"一年四季，周而复始，"在"开始"功能区"字体"组中找到合适的工具设置其加粗、倾斜、加上红色波浪下画线。

（2）段落缩进设置：选择输入的两段文字，单击"开始"功能区"段落"组中右下角的箭头，在弹出的"段落"对话框中设置其左侧、右侧缩进均为 4 字符，首行缩进为 2 字符，如图 2-22 所示。

（3）段落边框设置：选择输入的两段文字，单击"开始"功能区"段落"组中"下框线"下拉按钮，在弹出的下拉菜单中选择"边框和底纹"命令，弹出"边框和底纹"对话框，设置边框为"方框"，线型样式为"粗细双线"，宽度为"3.0 磅"，应用于"段落"，如图 2-23 所示。

（4）单击"插入"功能区"插图"组中的"图片"按钮，选择插入一张图片（图片不一定要和图 2-21 所示的相同）。选择图片，调整其大小，将图片拖到中间合适位置，选中图片，选择"图片工具→格式"功能区"排列"组中的"位置"按钮，设置文字环绕方式为"中间居中，四周型文字环绕"。

以上排版完成后的效果如图 2-21 所示。

图 2-21　任务 1 排版效果

2）分栏排版

在本书指定网址下载"实验 2-1 素材 4-分栏排版.docx"，对第 2 段进行分栏排版：栏数为 2、栏宽相等、加分隔线。

Internet 是 Interconnect Network 的缩写，即通常所说的因特网，也称国际互联网。它是目前世界上最大的计算机网络，其前身是 ARPANET。

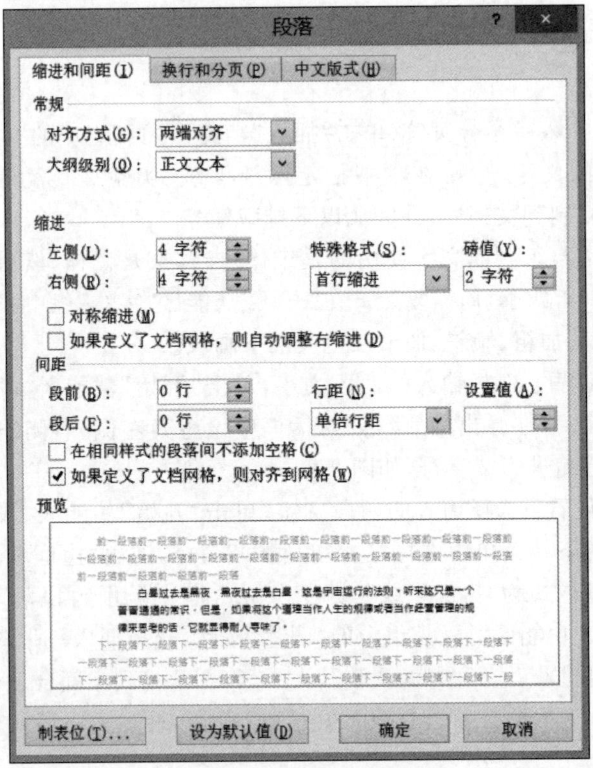

图 2-22　段落缩进设置

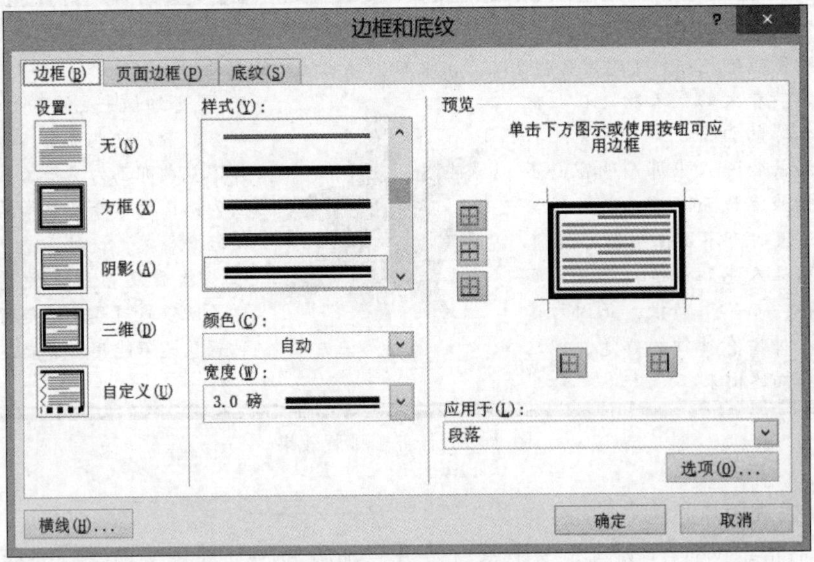

图 2-23　段落边框设置

Internet 具有的特点：采用分组交换技术；使用 TCP/IP；通过路由器将各个网络互连起来；网上的每台计算机都必须给定一个唯一的 IP 地址。

其他的一些主要网络，如 BITNET，不采用 TCP/IP，因此不是因特网的一部分，但是仍可通过电子邮件将它们与因特网相连。

3）使用内建样式和自定义样式排版

在作业文档中插入一个分页符，另起一页，完成下面的任务。

分栏排版及使用内建样式和自定义样式排版

（1）在本书指定网址下载"实验 2-1 素材 5-使用内建样式和自定义样式排版.docx"文本复制到作业文档中，如图 2-24 所示。

（2）使用内建样式：单击"开始"功能区"样式"组中右下角的下拉按钮，打开"样式"对话框，选择标题"房屋租赁合同"，设置为"标题 1"样式并选择段落"居中"。

（3）使用内建样式：用相同方法选择其中的 4 个大标题："一、房屋租赁期限""二、房屋租金"……设置为"标题 2"样式。

（4）建立新样式：选择正文的第 2 段，即"租房从_____年____月____日起至_____年____月____日止。"设置为宋体、小四号、首行缩进 2 字符、行距为 1.5 倍。完成设置后，选定这一段，单击"开始"功能区"样式"组中右下角的下拉按钮，打开"样式"对话框，单击左下角"新建样式"按钮，在弹出的"根据格式设置创建新样式"对话框中输入名称为"合同正文"，单击"确定"按钮退出。

房屋租赁合同

　一、房屋租赁期限

租房从_____年___月___日起至_____年___月___日止。

　二、房屋租金

月租金为____元，缴租为___支付一次，人民币（大写）_____元（￥___元），以后应提前___天支付。

　三、约定事项

　1．乙方入住时，应及时更换门锁，若发生意外与甲方无关。因不慎或使用不当引起火灾，电、气灾害等非自然灾害，所造成的损失由乙方负责。

　2．乙方无权转租、转借、转卖该房屋，及屋内家具家电，不得擅自改动房屋结构，爱护屋内设施，如有人为原因造成破损丢失，应维修完好，否则照价赔偿。并做好防火、防盗、防漏水和阳台摆放物、花盆的安全工作，若造成损失责任自负。

　3．乙方必须按时缴纳房租，否则视为乙方违约，协议终止。

　4．乙方应遵守居住区内各项规章制度，按时缴纳水、电、气、光纤、电话、物业管理等费用。乙方交保证金_____元给甲方，乙方退房时交清水、电、气、光纤和物业管理等费用，以及屋内设施家具、家电无损坏，下水管道、厕所无堵漏。甲方如数退还保证金。

　5．甲方保证该房屋无产权纠纷。如遇拆迁，乙方无条件搬出，已交租金甲方按未满天数退还。

　6．备注：_____

　四、其他

本合同一式两份，自双方签字之日起生效。另水：____吨、气：____立方米、电：___度

　甲方签章（出租方）

　电话：

　乙方签章（承租方）

　电话：

　年 月 日

图 2-24　房屋租赁合同文本

（5）应用自建的新样式：选择文中所有正文部分，设置为"合同正文"样式。

（6）签章部分排版：黑体，四号。

以上操作排版的效果如图 2-25 所示。

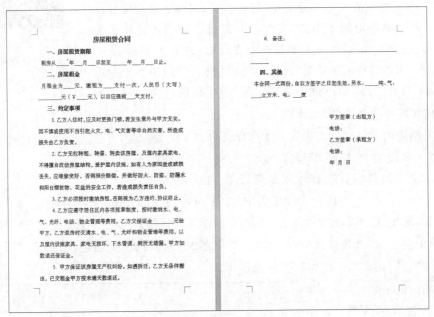

图 2-25　排版效果

5. 规范表格制作及数据计算

在文档中插入一个分页符，另起一页，按照下列格式要求制作表格并排版。

制作表 2-2 所示的某公司 7 月份工资表，按要求设置相应格式，并完成数值计算，要求应发合计＝基本工资＋职务津贴，实发工资＝应发合计－扣除合计，通过公式插入的方法计算并且输入应发合计、实发工资和单项合计。

规范表格制作及数据计算

表 2-2　某公司 7 月份工资表

姓名	应　　发			扣　　除		实发工资
	基本工资	职务津贴	合计	退休保险	住房基金	
李明	3000	900		190	50	
王晓	2500	600		145	50	
高飞	2000	450		105	50	
刘峰	3500	1200		220	50	
合计						

（1）插入规则表格：在"插入"功能区选择"表格"→"插入表格"，设置行、列数均为 7，

单击"确定"按钮,插入一个规则表格。

(2) 修改表格:选定第 1 行第 1 列、第 2 行第 1 列两个单元格右击,在弹出的快捷菜单中选择"合并单元格"命令,把这两个单元格合并成一个。按同样的方法合并第 1 行第 2、3、4 列 3 个单元格、第 1 行第 5、6 列两个单元格和第 1 行第 7 列、第 2 行第 7 列两个单元格。

(3) 编排文字:按样表所示内容在单元格中输入文字,选定整个表格,设置其字体为宋体、字号为五号、加粗、中部居中。然后选择第 1 列(除第 1 行)所有单元格,设置其对齐方式为水平居左。

(4) 表格格式:将光标定位在表格中,单击"表格工具→布局"功能区"表"组中的"选择"按钮,在弹出的下拉菜单中选择"选择表格"命令,再选择"表格工具→布局"功能区"单元格大小"组中右下角的下拉按钮,设置列宽为 2 厘米、行高为默认值,确定后再选择"开始"功能区"段落"组中的"居中"按钮,使得整个表格在页面中间位置。

(5) 表格线:在"表格工具→设计"功能区"绘图边框"组中设置表格线型为"双线",粗细为"1.5 磅",选中整个表格,单击"表格工具→设计"功能区"表格样式"组中的"边框"下拉按钮,在弹出的下拉菜单中选择"外侧框线"命令,将表格外围线条设置为刚才设好的线型和粗细(注意先设置线型再选择边框)。

(6) 表格底纹:选中表格最后一行,单击"表格工具→设计"功能区"表格样式"组中的"底纹"下拉按钮,设置"主题颜色"为"白色,背景 1,深色 25%"。

(7) 表格中数据的计算如下。

计算每个人的应发工资:将插入点定位到李明的应发合计单元格中,单击"表格工具→布局"功能区"数据"组中的"公式"按钮,在弹出的"公式"对话框中显示公式为"=SUM(LEFT)",其中 SUM 表示求和,LEFT 表示对当前单元格左侧(同一行)的数据求和,也可以在"公式"栏中输入"=B3+C3",单击"确定"按钮,计算结果 3900 就自动填到单元格内。按以上步骤,可以求出其他 3 人的应发合计。

计算每个人的实发工资:将插入点定位到李明的实发工资单元格中,打开"公式"对话框,在"公式"文本框中输入"=D3-E3-F3",单击"确定"按钮,计算结果 3660 自动填到单元格内。按同样的方法可以求出其他 3 人的实发工资。

计算单项合计:将插入点定位到基本工资合计单元格中,打开"公式"对话框,在"公式"文本框中输入"SUM(ABOVE)"或"=B3+B4+B5+B6",单击"确定"按钮,计算结果 11000 自动填到单元格内。按同样的方法可以求出其他单项合计。

以上排版操作完成后的效果图如表 2-3 所示。

表 2-3　某公司 7 月份工资表

姓名	应　　发			扣　　除		实发工资
	基本工资	职务津贴	合计	退休保险	住房基金	
李明	3000	900	3900	190	50	3660
王晓	2500	600	3100	145	50	2905
高飞	2000	450	2450	105	50	2295

续表

姓名	应　　发			扣　　除		实发工资
	基本工资	职务津贴	合计	退休保险	住房基金	
刘峰	3500	1200	4700	220	50	4430
合计	11000	3150	14150	660	200	13290

6. 页眉、页脚设置

在上面完成的作业文档中，在"插入"功能区"页眉和页脚"组中，设置页眉、页脚状态。

页眉、页脚设置

（1）页眉：左边顶格为《大学计算机基础与计算思维》，五号、华文行楷；右边顶格为"上机作业"，五号、隶书，两部分文字间可以用空格填充。

（2）页脚：将光标定位到页脚位置，单击"插入"功能区"页眉和页脚"组中的"页脚"按钮，选择插入相应格式，设置其格式为小五号、西文标准字体（Times New Roman）。注意：可以先设置页码格式再插入更方便。

五、课后作业

启动 Word 2010，新建一个空白文档，以"学号姓名 2-2.doc"的名字保存在自己的文件夹中。在该文档中完成下面的任务。

（1）仿照下例制作自己本学期的课程表，如图 2-26 所示。

2018—2019 学年第二学期课程表

（姓名：张三）

节数		星期一	星期二	星期三	星期四	星期五
上午	1、2 节 (8:00~9:50)	数应 2 (B104)		汇编 (B604)	数应 1 (B106)	数据结构 (B206)
	3、4 节 (10:10~12:00)					
下午	5、6 节 (1:00~2:50)		数据结构 (上机)双	汇编(上机)单 数应 1(上机)双		数应 2 (上机)
	7、8 节 (3:10~5:00)	数据结构 (B206)单	数据结构 (上机)双			数应 2 (上机)
晚上	9、10 节 (6:00~7:50)	排版 (A218)		排版 (D216-1)		
	11、12 节 (8:10~10:00)			汇编 (电 03 上机)双		

图 2-26　课程表

（2）运用"插入"功能区"符号"组中的"公式"制作以下公式。

① 字上加横线：$\overline{A}$、$\overline{AB}$。

② 数学公式为

$$\int_{-1}^{1} 3x+7 \qquad \sqrt[2]{3m-2} \qquad \begin{array}{cc} Ax & By \\ C & D \end{array} \qquad \begin{cases} \dfrac{|\,x^2-1\,|}{x-1} & x \neq 1 \\ 2 & x = 1 \end{cases}$$

（3）制作插图。综合运用"插入"功能区"插图"组中的"形状"选项绘制以下流程图。注意使用"基本形状""线条""箭头总汇""流程图"等工具及"组合"功能，如图 2-27 所示。

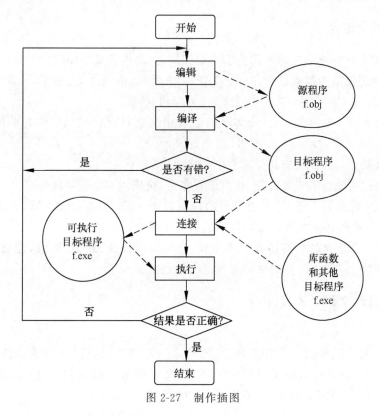

图 2-27　制作插图

注意：以上作业按要求的名称保存后上交到任课教师指定的位置。

实验 2-2　电子文档的制作与编排（二）

一、实验目的

（1）熟悉毕业论文排版规范和排版方法。

（2）完成一篇毕业论文的排版。

（3）熟悉邮件合并方法。

二、实验条件要求

（1）硬件：计算机。

（2）系统环境：Windows 7。

（3）软件环境：Microsoft Word 2010。

三、实验基本知识点

1. 毕业论文结构

各高校对本科毕业论文的格式要求不尽相同，但结构却基本相同，下面以某高校的本科毕业论文体例要求为范本进行介绍。如图 2-28 所示，毕业论文包括以下部分。

（1）封面：单独占一页，该页不设页眉、页脚和页码等。

（2）中文摘要：单独占一页（或多页），包含中文题目、作者姓名、作者单位及联系方式、中文摘要、关键词，没有页眉、页脚，也无页码。

（3）英文摘要：内容和格式要求与中文摘要类似。

（4）目录：一般列出三级目录，如目录有多页，页码用罗马数字编号。

（5）正文：包含若干章，每章均需另起一页排版，每章的首页无页眉，其他页的页眉为该章的名称，页码从正文开始用阿拉伯数字顺序编号。

（6）文后：在正文的后面还有参考文献、指导教师简介、致谢、附录，无页眉，每一部分均需另起一页排版，这些页的页码顺延正文的页码。

2. 页面设置规范

纸型：A4。

页边距：上 3 厘米，下 2.5 厘米，左 3 厘米，右 2.5 厘米，页眉 2.4 厘米，页脚 2 厘米。

文档网格：字体设置，中文字体为宋体，西文字体为 Times New Roman，字形为常规，字号为小四号，指定每行 36 个字符，每页 30 行。

3. 文档分节方法

文档各部分页面的排版要求不同，例如，有的页不能有页眉、页脚（如封面），有的页要求用阿拉伯数字作为页码（如正文），有的页要求用罗马数字作为页码（如目录），因此，需要对文档进行分节。

第 1 节：封面、中文摘要（包含中文标题、作者姓名、作者单位及联系方式、中文摘要、关键词）、英文摘要（内容与中文摘要类似）。

第 2 节：目录。

第 $3 \sim N+2$ 节：第 1 章（一般为前言）～第 N 章（一般为结论）。

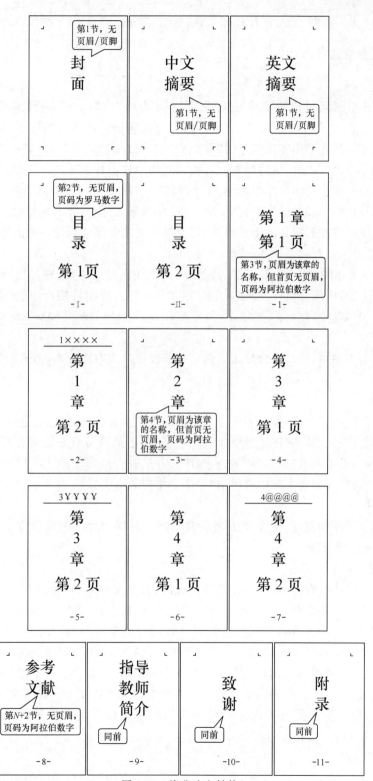

图 2-28　毕业论文结构

第 $N+3$ 节：参考文献、指导教师简介、致谢、附录。

4. 排版要求及样式

1）标题

标题采用分级阿拉伯数字编号方法，第 1 级为"1""2""3"等，第 2 级为"1.1""1.2""1.3"等，第 3 级为"1.1.1""1.1.2""1.1.3"等，但分级阿拉伯数字的编号一般不超过 4 级，故第 4 级以下的标题采用字母编号法"A""B""C"⋯和"a""b""c"⋯。每一级编号的末尾不加标点，后空一格（半角）接写标题。各级标题均单独占行书写，末尾不加标点。

正文中对总项包括的分项采用"(1)、(2)、(3)⋯"的序号形式，对分项中的小项采用"①、②、③⋯"或数字加半括号"1)、2)、3)⋯"的序号形式，序号后不再加空格或其他标点。

为了便于排版和后期自动生成目录，需要对论文的各部分新建一些固定样式并保存。

2）注释

毕业论文中有个别名词或情况需要解释时，可加注释说明，注释可用脚注（将注文放在加注页的下端）或尾注（将全部注文集中在文章末尾），而不可用行中注（夹在正文中的注）。格式：中文字体为小五号、宋体，西文字体为小五号、Times New Roman。

3）公式

公式应居中书写，公式的编号用圆括号括起放在公式右边行末，公式和编号之间不加虚线。

4）表格

表格一般使用三线表，每个表格应有自己的表序和表题，表序和表题应写在表格上方正中，表序后空一格书写表题。表格允许下页接写，下页接写时表题可省略，表头应重复写（并在表格右上角输入"续表"两字）。表序、表题、表头排五号、黑体，表中内容排五号至六号宋体，全表内容原则上应中部居中，整个表格应居中。

5）插图

插图应有图序和图题，图序和图题应放在图下方居中处。图序后空一格书写图题。图序、图题排五号、黑体。

6）参考文献

参考文献一律放在文后，只列作者阅读过的、在正文中被引用过的、正式发表的文献资料，全文应统一，不能混用。可按一般学报格式，包括作者、题目、来源，外文文章应列出原名。按文献引用的先后顺序用阿拉伯数字进行自然编号，一般序码宜用方括号括起。参考文献的作者不超过 3 人（含 3 人）时全部列出，多于 3 人时一般只写前 3 人，后加"等"或 et al，必要时也可全部列出。姓名采用姓前名后的形式，作者之间不加"和"或 and。在参考文献列表中，上下文献相同的项目，不宜用"同上"或 ibid 等。参考文献在正文中引用时，应在引用句后的圆括号内标明该引文的作者及该文发表的年代，如（上官周平，1999）。参考文献正文排五号、宋体。

7）页眉、页脚

页眉：中文字体为五号、宋体，西文字体为五号、Times New Roman。居中输入一级标题，如"1×××"。

页脚：五号阿拉伯数字，从正文第 1 页开始编写，居中。

8）目录

当论文中各级标题都定义并使用了样式后，目录就可以根据样式自动生成了。在 Word 2010 中生成目录的操作方法如下。

将光标定位到要生成目录的位置，单击"引用"功能区"目录"组中的"目录"按钮，在弹出的下拉菜单中选择"插入目录"命令，在弹出的"目录"对话框的"目录"选项卡下单击"选项"按钮，进入"目录选项"对话框，在标题 1 样式后的目录级别中输入 1，在标题 2 样式后的目录级别中输入 2，在标题 3 样式后的目录级别中输入 3，以此类推，不同的样式也可以设定为同一级目录，一般只列出三级目录，单击"确定"按钮即自动生成目录。

目录生成后，若因为修改正文导致页码索引发生变化，可以回到目录部分，右击目录，在弹出的快捷菜单中选择"更新域"命令，更新整个目录。

5. 邮件合并

在 Microsoft Office 中，先建立两个文档，一个包括所有文件共有内容的 Word 主文档（如未填写的信封等）和一个包括变化信息的数据源 Excel（填写的收件人、发件人、邮编等），然后使用邮件合并功能在主文档中插入变化的信息，合成后的文件用户可以保存为 Word 文档，可以打印出来，也可以以邮件形式发出去。

邮件合并功能主要应用于批量制作并打印信封、信件、请柬、工资条、学生成绩单、各类获奖证书、准考证和明信片等。Microsoft Office 邮件合并的操作方法为准备数据源、准备模板、打开数据源、插入数据域、查看合并数据、完成合并。

四、实验步骤

1. 毕业论文排版

在本书指定网址下载"实验 2-2 素材 1-毕业论文草稿.docx"，以"学号姓名 2-2.docx"的名字另存，按以下要求排版。

论文排版 1
环境设置及文档录入

1）页面设置

纸型：A4。

页边距：上 3 厘米，下 2.5 厘米，左 3 厘米，右 2.5 厘米，页眉 2.4 厘米，页脚 2 厘米。

文档网格：字体设置，中文字体为宋体，西文字体为 Times New Roman，字形为常规，字号为小四号，指定每行 36 个字符，每页 30 行。

2）封面

封面中的届为毕业年份，日期为论文完成年月，题目处输入论文题目，分院系部、专业处输入论文作者所在的院部、专业，学号、姓名处输入论文作者的姓名和学号，指导教师（职称）处输入论文作者的任课教师姓名和职称。本书以"实验 2-2 素材 1-毕业论文草稿.docx"封面为例输入相关内容。

以上填入内容全部用宋体、三号字排版，且居于横线的中央，横线的长度应保持一致。题目过长可以对其进行字符缩放。

3）中文摘要

论文标题排版：黑体、小三号，段落居中。

作者姓名排版：宋体，四号，段落居中。

通信地址排版：修改学校学院名称为论文作者所在的学校学院，省市和邮编也做对应的修改。宋体，四号，段落居中。

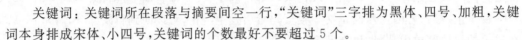

论文排版 2
文前排版

摘要："摘要"二字排为黑体、四号、加粗，两字间空两个空格；摘要的内容排为宋体、小四号。

关键词：关键词所在段落与摘要间空一行，"关键词"三字排为黑体、四号、加粗，关键词本身排成宋体、小四号，关键词的个数最好不要超过 5 个。

4）英文摘要

英文摘要需另起一页排版（在中文摘要页末尾加分页符），英文摘要与中文摘要的项目一一对应，排版方法相同，仅将字体改为 Times New Roman，英文关键词间用英文逗号加半角空格分隔。

通过"页面布局"功能区"页面设置"组中的"分隔符"按钮，在英文摘要页末尾插入"下一页"类型的"分节符"。

5）目录

目录两字间空两格，黑体，小三号，段落居中。

目录内容最后由系统自动生成。设置方法详见步骤9）。

目录所在节设置页眉、页脚：将光标定位在目录页，单击"插入"功能区"页眉和页脚"组中的"页脚"按钮，在弹出的下拉菜单中选择"编辑页脚"命令，单击"插入"功能区"页眉和页脚"组中的"页码"按钮，在弹出的下拉菜单中选择"页面底端"→"普通数字 2"，将出现的页码前后加上一字线，再单击"页眉和页脚"组中的"页码"按钮，在弹出的下拉菜单中选择"设置页码格式"命令，打开"页码格式"对话框，选择"编号格式"为大写罗马数字"Ⅰ，Ⅱ，Ⅲ，…"，选择"页码编号"的"起始页码"为Ⅰ，最后设置页码段落居中。

论文排版 3
正文排版

6）正文

（1）定义样式：按表 2-4 所示定义论文中各级标题和其他项的样式，注意对样式名称和快捷键的设置也最好与表 2-4 相同。

表 2-4　定义样式要求

编号	级别	格式描述	样式名称	快捷键
1	第 1 级 （章标题）	段落居中、小三、黑体、段前段后空 1 行，大纲级别为 1，多级编号格式为"1,2,3,…"（注意：该样式是用系统内建样式来修改，不是新建的样式）	论文 1 级标题	Ctrl+1

续表

编号	级 别	格 式 描 述	样式名称	快捷键
2	第2级 （节标题）	首行缩进为0、四号、宋体、段前段后空0.5行，大纲级别为2，多级编号格式为"2.1,2.2,2.3,…"（注意要继承章标题的编号）	论文2级标题	Ctrl+2
3	第3级 （小节标题）	首行缩进2字符、小2号、黑体、段前段后0.5行，大纲级别为3，多级编号格式为"2.2.1,2.2.2,2.2.3,…"（注意要继承章标题和节标题的编号）	论文3级标题	Ctrl+3
4	第4级	首行缩进2字符、小四号、宋体，自动编号为"A.,B.,C.,…"	论文4级标题	Ctrl+4
5	第5级	首行缩进2字符，自动编号格式为"a.,b.,c.,…"	论文5级标题	Ctrl+5
6	正文	首行缩进2字符，单倍行距，中文字体为小四号、宋体，西文字体为小四号、Times New Roman	论文正文	Ctrl+6

（2）页眉页脚：将光标定位在第1章正文的第1页，进入"页面设置"，在"版式"中设置其"页眉和页脚"为"首页不同"，且应用于"本节"。

论文排版4
页眉页脚设置

单击"插入"功能区"页眉和页脚"组中的"页眉"按钮，在弹出的下拉列表框中选择"编辑页眉"命令，光标定位到"首页页眉"处，然后单击"页眉和页脚工具→设计"功能区"导航"组中的"链接到前一条页眉"按钮，取消其链接。首页页眉处不设置内容。

将光标定位到"首页页脚"处，单击"页眉和页脚工具→设计"功能区"导航"组中的"链接到前一条页眉"按钮，取消其链接。单击"插入"功能区"页眉和页脚"组中的"页码"按钮，在弹出的下拉菜单中选择"页面底端"→"普通数字2"，将出现的页码前后加上一字线，再单击"页码"下拉菜单中的"设置页码格式"命令，选择"编号格式"为阿拉伯数字"1,2,3,…"，选择"页码编号"的"起始页码"为1，最后设置页码段落居中。

光标定位到下一页的"页眉"处，单击"页眉和页脚工具→设计"功能区"导航"组中的"链接到前一条页眉"按钮，取消其链接。单击"插入"功能区"文本"组中的"文档部件"按钮，在弹出的下拉菜单中选择"域"命令，打开"域"对话框，在"类别"中选择"链接和引用"，在"域名"中选择StyleRef，在"样式名"中选择"论文1级标题"，再选中"域选项"的"插入段落编号"复选框——该操作在页眉处插入章的编号。在编号后输入两个空格，重复刚才的插入域操作，只是不选中"域选项"下的任何项目——该操作在页眉处插入章的名称，如图2-29所示。

将光标定位到当前这一页的"页脚"处，单击"页眉和页脚工具→设计"功能区"导航"组中的"链接到前一条页眉"按钮，取消其链接。单击"插入"功能区"页眉和页脚"组中的"页码"按钮，在弹出的下拉菜单中选择"页面底端"→"普通数字2"，将出现的页码前后加上一字线，再单击"页码"下拉菜单中的"设置页码格式"命令，选择"编号格式"为阿拉伯数字"1,2,3,…"，选择"页码编号"的"起始页码"为1，最后设置页码段落居中。

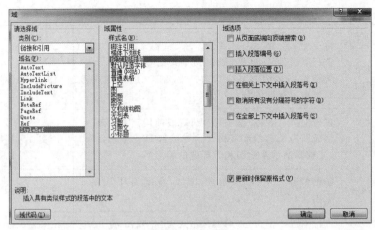

图 2-29　域设置

（3）分节：通过"页面布局"功能区"页面设置"组中的"分隔符"在正文各章间均插入"下一页"类型的"分节符"。该操作需要在前一步页眉页脚设置好的前提下操作，以保证后续节自动继承"首页不同"和页眉页脚的相关设置，不需要再一一设置。

（4）正文排版：对文章中各级标题和正文进行排版。先选中全部正文，设置为"论文正文"样式，再对正文中各级标题应用定义好的对应样式进行排版（因为样式中已包含各级标题的编号，所以需要手动删除文中的旧编号）。

（5）正文其他部分的排版如下。

① 注释：毕业论文中有个别名词或情况需要解释时，可加注说明，注释可用脚注（将注文放在加注页的下端）或尾注（将全部注文集中在文章末尾），而不可用行中注（夹在正文中的注）。格式：中文字体为宋体、字号为小五号，西文字体为 Times New Roman、字号为小五号。

② 公式：居中书写，公式的编号用圆括号括起放在公式右边行末，公式和编号之间不加虚线。

③ 表格：一般使用三线表，每个表格应有自己的表序和表题，表序和表题应写在表格上方正中，表序后空一格书写表题。表格允许下页接写，表题可省略，表头应重复写（并在表格右上角输入"续表"两字）。表序、表题、表头排五号、黑体，表中内容排五～六号、宋体，全表内容中部居中，整个表格应居中。

④ 插图：插图应有图序和图题，图序和图题应放在图下方中间。图序后空一格书写图题，图序、图题排五号、黑体。

7）文后排版

文后包括参考文献、指导教师简介、致谢和附录（不是必需的）。文后的每部分均需用"下一页"类型的"分节符"分隔，页眉、页脚继承正文的即可，不需要重新设置。

8）参考文献

参考文献用阿拉伯数字顺序编号，编号用方括号括起，排成五号、宋体。各种类型的参考文献格式示例如下。

论文排版 5
文后排版及目录生成

（1）专著的著录项目、格式和符号：按"作者.书名[文献类型标志].版次（第1版应省略).出版地：出版者，出版年：引文页码."的顺序书写，例如：

[1] 胡天喜，陈祀，陈克明，等.发光分析与医学[M].上海：华东师范大学出版社，1990：89-103.

[2] SANDERSON R T.Chemical Bond and Bond Engergies[M]. New York：Academic Press，1976：23-30.

（2）期刊的著录项目、格式和符号：按"作者.文章名[文献类型标志].期刊名，出版年份，卷号（期号）：引文页码."的顺序书写，例如：

[1] 朱浩，施菊，范映辛，等.反相胶束体系中的酶学研究[J].生物化学与生物物理进展，1998，25(3)：204-210.

[2] SMAITH R G，CHENG K，SCHOEN W R，et al. A Nonpeptidyl Hormone Secretagogue. Science，1993，260(5144)：1640-1643.

（3）论文集的著录项目、格式和符号：按"编者.论文集名[文献类型标志].出版地：出版者，出版年：引文页码."的顺序书写，例如：

[1] HOWLAND D.A Model for Hospital System Planning[C].Paris：Dunod，1964：203-212.

（4）专利文献的著录项目、格式和符号：按"专利所有者.专利题名：专利国别，专利号[文献类型标志].公开日期[引用日期]."的顺序书写，例如：

[1] 曾德超.常速高速通用优化犁：中国，85203720、1[P].1986-11-13.

[2] FLEMING G L，Martin R T.Ger Par：US，139291[P].1972-02-07.

9）目录自动生成

将光标定位到目录二字的下一行，单击"引用"功能区"目录"组中的"目录"按钮，在弹出的下拉菜单中单击"插入目录"命令，打开"目录"对话框，在"目录"选项卡下单击"选项"按钮，进入目录设置界面，在"论文1级标题"样式后的目录级别中输入1，在"论文2级标题"样式后的目录级别中输入2，在"论文3级标题"样式后的目录级别中输入3，单击"确定"按钮后即自动生成目录。

目录生成后，若后面对正文有更改导致页码索引有变化，可以回到目录部分，右击目录，在弹出的快捷菜单中选择"更新域"命令，更新整个目录。

按上述要求排版后，部分页排版效果如图2-30～图2-35所示（效果图仅供参考）。

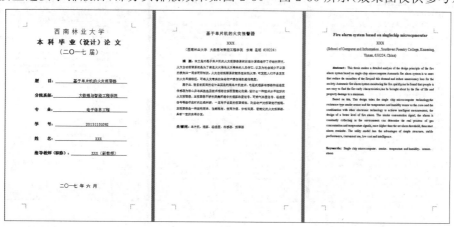

图2-30　排版效果1

大学计算机基础与新技术实验指导（微课版）

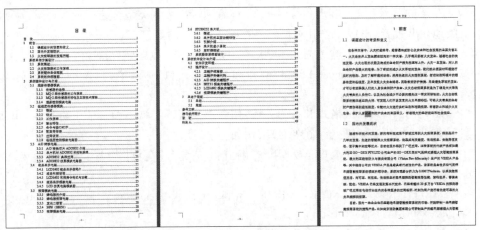

图 2-31　排版效果 2

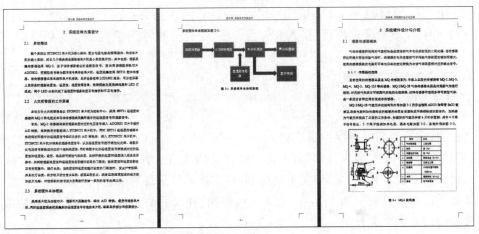

图 2-32　排版效果 3

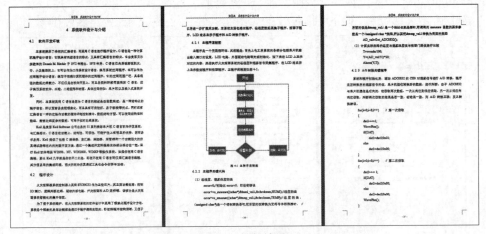

图 2-33　排版效果 4

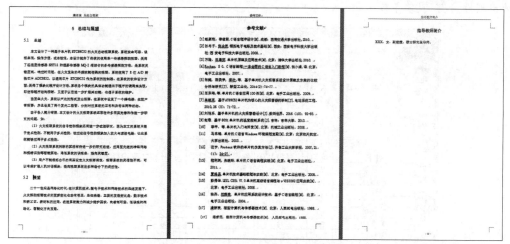

图 2-34　排版效果 5

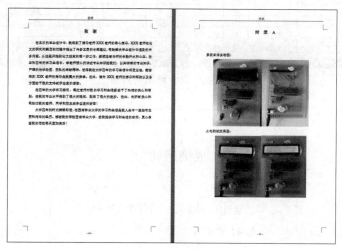

图 2-35　排版效果 6

2. 邮件合并

自己制作一个高校成绩通知单模板,以"学号姓名 2-3.docx"的名字命名,并使用邮件合并功能按照要求生成某班级所有同学的成绩通知单。

1)下载表格

在本书指定网址下载"实验 2-2 素材 2-邮件合并-成绩数据表 .xlsx",打开表格查看数据,如图 2-36 所示。

2)设计成绩单模板

邮件合并

使用 Word 2010 设计出成绩单模板,将公共部分显示出来,待填充的位置空出,如图 2-37 所示。单击"页面布局"功能区"页面设置"组中的"纸张大小"按钮,根据所需成绩单的实际尺寸自定义纸张大小。或者在本书指定网址下载"实验 2-2 素材 3-邮件合并-成绩单模板.docx”。

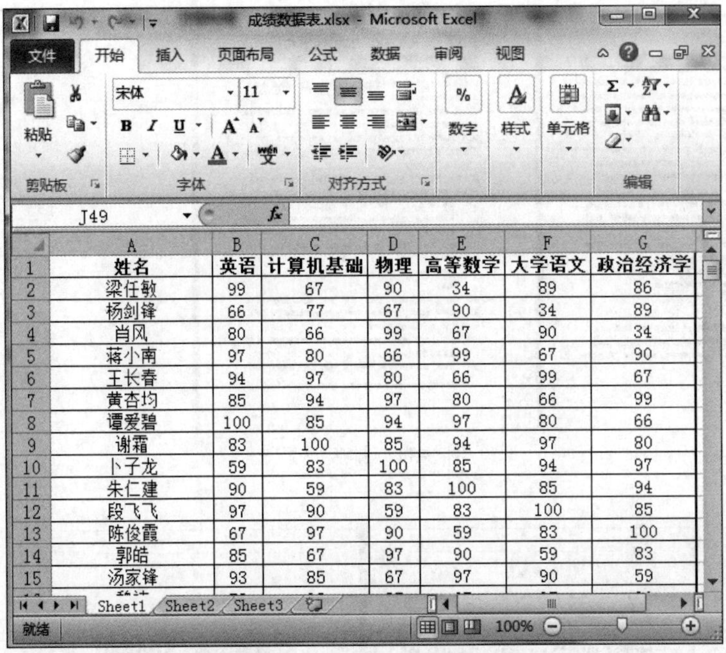

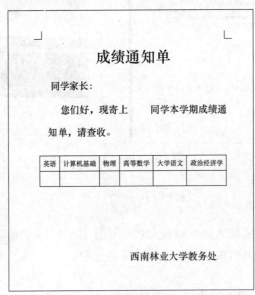

图 2-36　成绩数据表界面

成绩通知单

同学家长：

您们好，现寄上　　同学本学期成绩通知单，请查收。

英语	计算机基础	物理	高等数学	大学语文	政治经济学

西南林业大学教务处

图 2-37　成绩单模板

3）通过“邮件合并”自动生成成绩单

（1）单击成绩单模板.docx 中的“邮件”选项卡，显示所有进行邮件合并的功能选项。

（2）单击“开始邮件合并”按钮，在弹出的下拉菜单中选择“普通 Word 文档”命令，如图 2-38 所示。

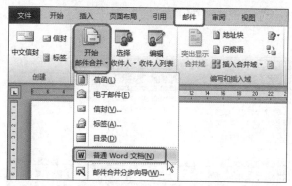

图 2-38　选择"普通 Word 文档"

（3）单击"选择收件人"按钮，在弹出的下拉菜单中选择"使用现有列表"命令，如图 2-39 所示，打开"选取数据源"对话框。

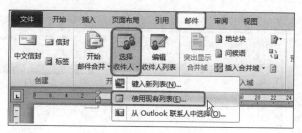

图 2-39　选择"使用现有列表"

（4）在"选取数据源"对话框中，定位到"实验 2-2 素材 2-邮件合并-成绩数据表.xlsx"文件所在的路径并选择该文件，如图 2-40 所示。

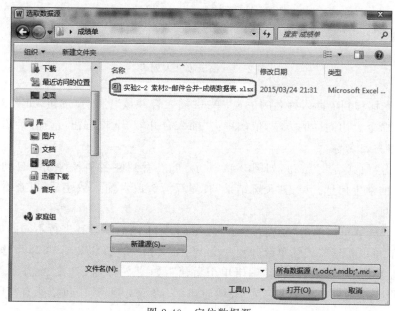

图 2-40　定位数据源

（5）在"选择表格"对话框中选择成绩数据表所在的"工作表"，即表 Sheet1 $ ，如图 2-41 所示。

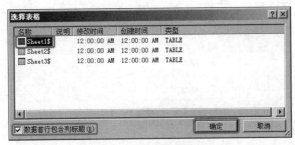

图 2-41　定位工作表

（6）单击"编辑收件人列表"按钮，在打开的对话框中可以选择要生成成绩单人的姓名，默认情况下是全选，如图 2-42 所示。选择完毕单击"确定"按钮即可。

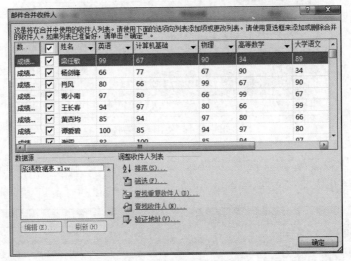

图 2-42　编辑收件人列表

（7）将光标移到要插入姓名的位置，单击"插入合并域"的下拉按钮，如图 2-43 所示，单击"姓名"命令。用同样的方法，依次单击"插入合并域"下拉按钮，选择"英语"和"计算机基础"等各科目名称。

（8）单击"预览结果"按钮，如图 2-44 所示，可以看到姓名和各科成绩自动更换为成绩信息表中的学生信息。单击"预览结果"右侧双箭头或者输入数字，可以查看其他同学的成绩单信息。

（9）生成成绩单。单击"完成并合并"按钮，选择不同的项对其进行不同的处理。"编辑单个文档"可以将这些成绩单合并到一个 Word 文档中，"打印文档"可以将这些成绩单通过打印机直接打印出来。选择"编辑单个文档"，如图 2-45 所示，在"合并到新文档"中选择"全部"记录，随即生成一个名为"成绩通知单"的新文档，其中包括所有打印内容，编辑工作全部完成。

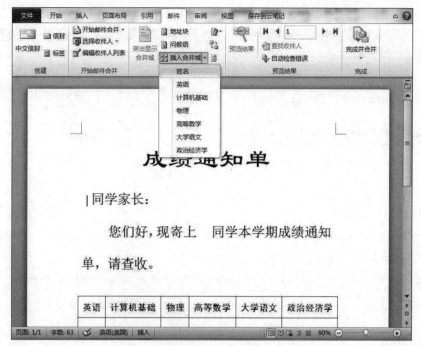

图 2-43 插入合并域

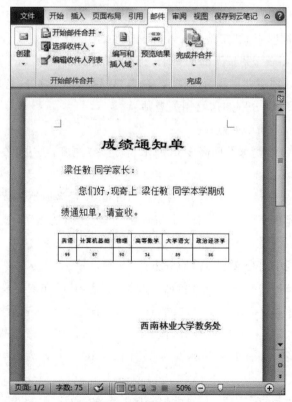

图 2-44 实际预览效果

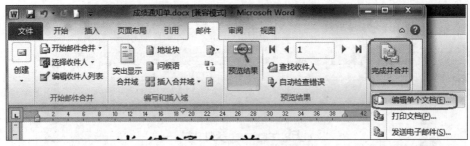

图 2-45　合并到新文档

4）逐张打印成绩单

逐张打印成绩单，至此，所有成绩单打印工作便可很轻松地完成，如果前两张打印正常，其余的打印甚至可无人值守完成。

在实际应用中，许多与批量打印有关的工作都可借助 Word 2010 的"邮件合并功能"来完成，如批量打印名片、标签、请帖、毕业证、邀请函、成绩单、工资条等。

五、课后作业

在本书指定网址打开"实验 2-2 素材 4-邮件合并-邀请函.docx"，以"学号姓名 2-4.docx"的名字命名，同时下载"实验 2-2 素材 5-邮件合并-背景图片.jpg"和"实验 2-2 素材 6-邮件合并-通讯录.xlsx"，并按下面的要求进行排版。

某高校一学院计划举办一场"元旦文艺晚会"活动，拟邀请部分老师参加。因此，学生会需制作一批邀请函，并分别递送给相关老师。

按如下要求完成邀请函的制作。

（1）调整文档版面，要求页面高度 l8 厘米、宽度 30 厘米，页边距（上、下）为 2 厘米，页边距（左、右）为 3 厘米。

（2）将"实验 2-2 素材 5-邮件合并-背景图片.jpg"设置为邀请函背景。

（3）"元旦文艺晚会"设置为楷体、小初号字，蓝色；"邀请函"设置为楷体、一号字，黑色；其他文字设置为楷体、三号字，黑色。

（4）调整邀请函中内容文字段落对齐方式。

（5）根据页面布局需要，采用单倍行距，调整"邀请函"所在段落段前段后各 0.5 行。

（6）在"尊敬的"和"（老师）"文字之间，插入拟邀请的专家和老师姓名，拟邀请的专家和老师姓名在"实验 2-素材 6-邮件合并-通讯录.xlsx"文件中。每页邀请函中只能包含 1 位专家或老师的姓名，所有的邀请函页面另外保存在一个名为"学号姓名 2-4 邀请函.docx"的文件中。

（7）邀请函文档制作完成后，保存为"学号姓名 2-4 邀请函.docx"。

最终结果如图 2-46 所示。

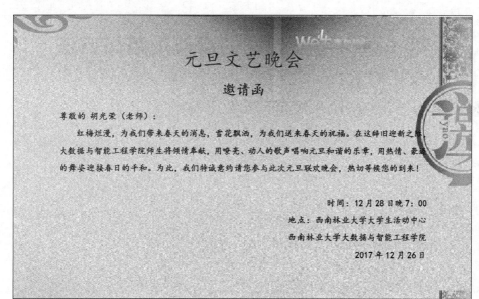

图 2-46　邀请函排版结果

注意：以上作业按要求的名称保存后上交到任课教师指定的位置。

第 3 章　电子表格的制作规范与方法

实验 3-1　电子表格制作规范与方法(一)

一、实验目的

(1) 掌握电子表格制作的基础知识。

(2) 掌握电子表格的基本编辑方法。

(3) 掌握电子表格的格式排版操作方法。

二、实验条件要求

(1) 硬件：计算机。

(2) 系统环境：Windows 7。

(3) Microsoft Excel 2010 软件或 WPS 表格软件。

三、实验基本知识点

Microsoft Excel 拥有直观的界面、出色的计算功能和图表工具等，是目前比较流行的一种个人计算机数据处理软件。

1. 工作簿窗口

当启动 Excel 时，即打开了一个名为"工作簿 1"的工作簿窗口，工作簿是运算和存储数据的文件。Excel 2010 工作簿窗口与 Word 等其他软件工作窗口类似，在此仅介绍 Excel 2010 工作簿窗口及主要组成部分，如图 3-1 所示。默认情况下，工作簿窗口处于最大化状态。单击菜单栏右侧的"向下还原"按钮，即可将工作簿窗口缩小。

工作簿

2. 编辑栏及其使用

编辑栏用于编辑和显示当前活动单元格中的内容，如图 3-2 所示。若单元格中的数据是由公式算出的值，可在编辑栏中查看和修改它对应的公式。名称框显示的是单元格的名称即地址，由列标及行号组成。当某个单元格被激活，即成为活动单元格时，其名称(如 A1)就会在名称框中出现。此后用户输入的文字或数据将在该单元格与编辑栏中同

单元格

时显示。

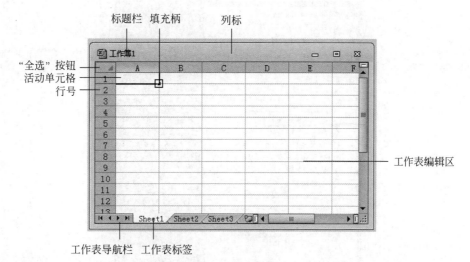

图 3-1 工作簿窗口

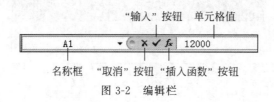

图 3-2 编辑栏

四、实验步骤

1. 学生成绩表的输入、编辑及排版

1）启动 Excel 2010

在 Windows 的"开始"菜单中,选择所有"程序"→Microsoft Office→Microsoft Excel 2010,如图 3-3 所示。

2）录入学生数据

参考图 3-4 所示的数据,将学生成绩信息录入到打开的 Excel 2010 的 Sheet1 工作表中。

3）添加学生编号列,并自动填充编号值

(1) 单击列标 A,选中"姓名"列(见图 3-5),然后执行"插入"菜单中的"插入工作表列"命令,这样就在"姓名"列的左侧插入了一个新的空白列。

自动填充

(2) 在 A1 单元格中输入"编号",在 A2 单元格中输入数字 1,如图 3-6 所示。然后,将指针移到 A2 单元格右下角的填充柄,按住鼠标左键向下拖至 A8,拖动后的结果如图 3-7 所示。

图 3-3　启动 Excel 2010

	A	B	C	D	E	F
1	姓名	性别	高等数学	英语	计算机	平均分
2	赵德昌	男	58	85	65	
3	魏健	男	65	90	75	
4	李微微	女	80	89	91	
5	苏伟光	女	55	87	56	
6	刘强	男	70	55	78	
7	王雪	女	64	83	57	
8	张宇	男	86	80	88	

图 3-4　实验基础数据

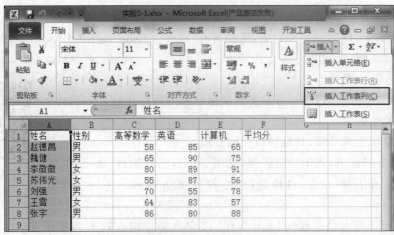

图 3-5　插入编号列

	A	B	C	D	E	F	G
1	编号	姓名	性别	高等数学	英语	计算机	平均分
2	1	赵德昌	男	58	85	65	
3		魏健	男	65	90	75	
4		李微微	女	80	89	91	
5		苏伟光	女	55	87	56	
6		刘强	男	70	55	78	
7		王雪	女	64	83	57	
8		张宇	男	86	80	88	

填充柄

图 3-6 输入"编号"列第一个数字 1

A2			f_x	1				
	A	B	C	D	E	F	G	H
1	编号	姓名	性别	高等数学	英语	计算机	平均分	
2	1	赵德昌	男	58	85	65		
3	1	魏健	男	65	90	75		
4	1	李微微	女	80	89	91		
5	1	苏伟光	女	55	87	56		
6	1	刘强	男	70	55	78		
7	1	王雪	女	64	83	57		
8	1	张宇	男	86	80	88		
9								

图 3-7 拖动后的结果

（3）拖动完成后，单击"自动填充选项"按钮，在出现的弹出式菜单中（见图 3-8）选中"填充序列"单选按钮，填充结果如图 3-9 所示。

A2			f_x	1				
	A	B	C	D	E	F	G	H
1	编号	姓名	性别	高等数学	英语	计算机	平均分	
2	1	赵德昌	男	58	85	65		
3	1	魏健	男	65	90	75		
4	1	李微微	女	80	89	91		
5	1	苏伟光	女	55	87	56		
6	1	刘强	男	70	55	78		
7	1	王雪	女	64	83	57		
8	1	张宇	男	86	80	88		
9								
10		⊙ 复制单元格(C)						
11		○ 填充序列(S)						
12								
13		○ 仅填充格式(F)						
14		○ 不带格式填充(O)						
15								

图 3-8 选择填充方式

	A	B	C	D	E	F	G
1	编号	姓名	性别	高等数学	英语	计算机	平均分
2	1	赵德昌	男	58	85	65	
3	2	魏健	男	65	90	75	
4	3	李微微	女	80	89	91	
5	4	苏伟光	女	55	87	56	
6	5	刘强	男	70	55	78	
7	6	王雪	女	64	83	57	
8	7	张宇	男	86	80	88	

图 3-9 自动填充序列效果

4）插入标题行

与插入列类似，单击行号1，选中第一行，执行"插入"菜单中的"插入工作表行"命令，即插入一个新的空白行。在单元格 A1 中输入"学生成绩表"，结果如图 3-10 所示。

	A	B	C	D	E	F	G
1	学生成绩表						
2	编号	姓名	性别	高等数学	英语	计算机	平均分
3	1	赵德昌	男	58	85	65	
4	2	魏健	男	65	90	75	
5	3	李微微	女	80	89	91	
6	4	苏伟光	女	55	87	56	
7	5	刘强	男	70	55	78	
8	6	王雪	女	64	83	57	
9	7	张宇	男	86	80	88	

图 3-10　插入标题行

5）计算平均分

（1）在 G3 单元格输入图 3-11 所示的计算平均分的公式并按 Enter 键，即可得到第一个同学的平均分。需要注意，公式的输入必须以"="开头。本例中使用 AVERAGE() 函数来计算平均值，括号内的"D3:F3"代表由 D3 单元格到 F3 单元格所构成的矩形区域内的所有单元格的值，该内容既可以手动输入也可以拖动鼠标选择。

	A	B	C	D	E	F	G	H
1	学生成绩表							
2	编号	姓名	性别	高等数学	英语	计算机	平均分	
3	1	赵德昌	男	58	85	65	=AVERAGE(D3:F3)	
4	2	魏健	男	65	90	75		
5	3	李微微	女	80	89	91		
6	4	苏伟光	女	55	87	56		
7	5	刘强	男	70	55	78		
8	6	王雪	女	64	83	57		
9	7	张宇	男	86	80	88		

图 3-11　使用 AVERAGE() 函数计算平均分

（2）用自动填充的方法计算出其他同学的平均分。可以选中 G3 单元格，然后双击填充柄进行快速的自动填充。完成结果如图 3-12 所示。

	A	B	C	D	E	F	G
1	学生成绩表						
2	编号	姓名	性别	高等数学	英语	计算机	平均分
3	1	赵德昌	男	58	85	65	69.33333
4	2	魏健	男	65	90	75	76.66667
5	3	李微微	女	80	89	91	86.66667
6	4	苏伟光	女	55	87	56	66
7	5	刘强	男	70	55	78	67.66667
8	6	王雪	女	64	83	57	68
9	7	张宇	男	86	80	88	84.66667

图 3-12　计算平均分后的结果

求和、求平均

现在，已经完成了全部数据的输入，接下来将进行进一步的编辑排版。

6）设置工作表标签

（1）双击工作表标签 Sheet1，将该工作表重命名为"成绩表"，如图 3-13 所示。

图 3-13　重命名工作表

（2）右击工作表标签，在弹出的快捷菜单中选择"工作表标签颜色"→"红色"，即可将该工作表标签背景设置为红色，如图 3-14 所示。

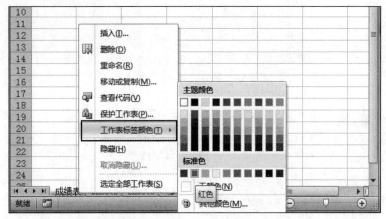

图 3-14　设置工作表标签颜色

7）设置标题格式

（1）选中 A1～G1 单元格，单击工具栏上的"合并后居中"按钮，将标题行合并居中，如图 3-15 所示。并设置其字体为黑体，字号为 14。

（2）设置 A2～G2 单元格字体为黑体，字号为 12，结果如图 3-16 所示。

8）设置单元格对齐方式

选中 A2～G9 单元格，单击工具栏上的"居中"及"垂直居中"按钮，设置所有单元格的水平及垂直方向对齐效果均为"居中"对齐，如图 3-17 所示。

9）设置数字格式

（1）选中 D3～G9 单元格，如图 3-18 所示，单击工具栏上"数字"区域右下角的箭头，打开"设置单元格格式"对话框。

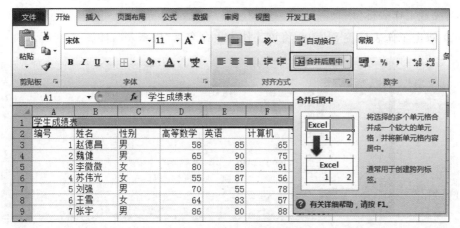

图 3-15　设置标题行合并后居中

学生成绩表						
编号	姓名	性别	高等数学	英语	计算机	平均分
1	赵德昌	男	58	85	65	69.33333
2	魏健	男	65	90	75	76.66667
3	李微微	女	80	89	91	86.66667
4	苏伟光	女	55	87	56	66
5	刘强	男	70	55	78	67.66667
6	王雪	女	64	83	57	68
7	张宇	男	86	80	88	84.66667

图 3-16　设置字体、字号结果

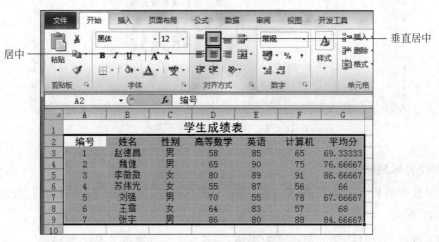

图 3-17　设置单元格对齐方式

（2）在"设置单元格格式"对话框中，设置数字格式分类为"数值"，"小数位数"为1，如图 3-19 所示。单击"确定"按钮，即完成了将所有数字格式均设置为 1 位小数。

10）设置适当的列宽

选中全部数据区域，单击"格式"菜单下的"自动调整列宽"命令，如图 3-20 所示，单元格的列宽就会根据单元格的内容进行适当的调整，调整后的结果如图 3-21 所示。

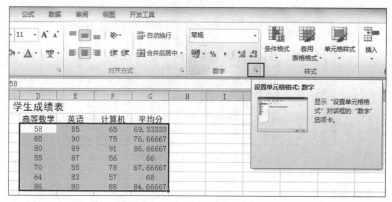

图 3-18 选中要设置数字格式的单元格

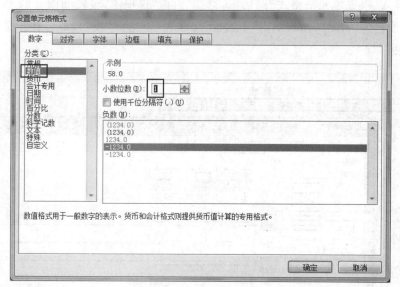

图 3-19 设置数字格式

图 3-20 设置列宽

	学生成绩表					
编号	姓名	性别	高等数学	英语	计算机	平均分
1	赵德昌	男	58.0	85.0	65.0	69.3
2	魏健	男	65.0	90.0	75.0	76.7
3	李微微	女	80.0	89.0	91.0	86.7
4	苏伟光	女	55.0	87.0	56.0	66.0
5	刘强	男	70.0	55.0	78.0	67.7
6	王雪	女	64.0	83.0	57.0	68.0
7	张宇	男	86.0	80.0	88.0	84.7

图 3-21　调整列宽后的结果

11）设置边框和底纹

（1）选中列表头（A2～G2 单元格）右击，在弹出的快捷菜单中选择"设置单元格格式"命令，进入"设置单元格格式"对话框，选择"边框"选项卡，设置如图 3-22 所示的边框线条样式，颜色为"自动"，然后单击"上边框"按钮和"下边框"按钮，即可在预览框中预览设置的效果。

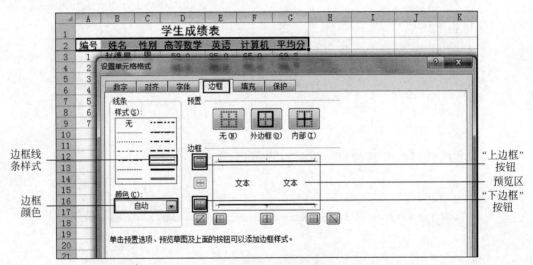

图 3-22　设置列表头边框

（2）切换到"填充"选项卡，设置背景色为蓝色，如图 3-23 所示。再切换到"字体"选项卡设置字体颜色为白色，单击"确定"按钮，即完成了列表头的边框底纹设置。设置后的效果如图 3-24 所示。

（3）拖动鼠标选择 A3～G3 单元格，然后按住 Ctrl 键，同时依次拖动选择单元格区域 A5～G5、A7～G7、A9～G9，即选定编号为 1、3、5、7 四名同学的记录。选定的数据区域如图 3-25 所示。设置选定区域的填充背景色为淡蓝色，如图 3-26 所示。

（4）再选中 A9～G9 单元格，设置其下边框，如图 3-27 所示，最终完成效果如图 3-28 所示。

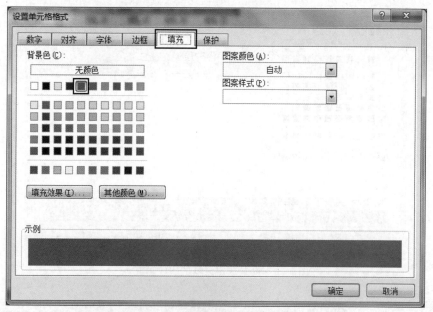

图 3-23　设置列表头底纹填充背景色

	A	B	C	D	E	F	G
1	学生成绩表						
2	编号	姓名	性别	高等数学	英语	计算机	平均分
3	1	赵德昌	男	58.0	85.0	65.0	69.3
4	2	魏健	男	65.0	90.0	75.0	76.7
5	3	李微微	女	80.0	89.0	91.0	86.7
6	4	苏伟光	女	55.0	87.0	56.0	66.0
7	5	刘强	男	70.0	55.0	78.0	67.7
8	6	王雪	女	64.0	83.0	57.0	68.0
9	7	张宇	男	86.0	80.0	88.0	84.7

图 3-24　设置列表头边框和底纹后的效果

A9			fx	7			
	A	B	C	D	E	F	G
1	学生成绩表						
2	编号	姓名	性别	高等数学	英语	计算机	平均分
3	1	赵德昌	男	58.0	85.0	65.0	69.3
4	2	魏健	男	65.0	90.0	75.0	76.7
5	3	李微微	女	80.0	89.0	91.0	86.7
6	4	苏伟光	女	55.0	87.0	56.0	66.0
7	5	刘强	男	70.0	55.0	78.0	67.7
8	6	王雪	女	64.0	83.0	57.0	68.0
9	7	张宇	男	86.0	80.0	88.0	84.7
10							

图 3-25　选定编号为 1、3、5、7 的学生记录

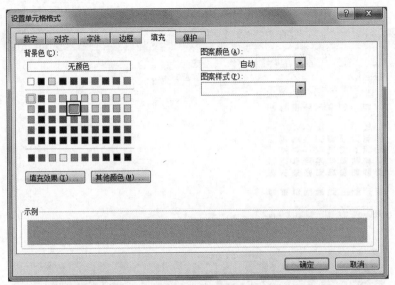

图 3-26　设置选定区域的底纹填充色

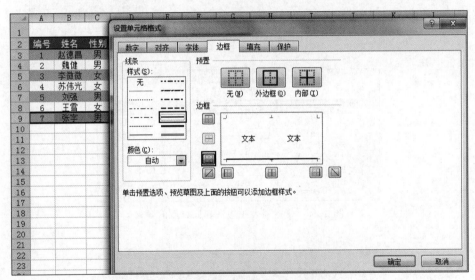

图 3-27　设置表格最后一行的边框

	A	B	C	D	E	F	G	
1				学生成绩表				
2	编号	姓名	性别	高等数学	英语	计算机	平均分	
3	1	赵德昌	男	58.0	85.0	65.0	69.3	
4	2	魏健	男	65.0	90.0	75.0	76.7	
5	3	李微微	女	80.0	89.0	91.0	86.7	
6	4	苏伟光	女	55.0	87.0	56.0	66.0	
7	5	刘强	男	70.0	55.0	78.0	67.7	
8	6	王雪	女	64.0	83.0	57.0	68.0	
9	7	张宇	男	86.0	80.0	88.0	84.7	
10								

图 3-28　设置完边框底纹后的最终效果

12）设置条件格式

（1）选中 D3～G9 数据区域，选择"条件格式"菜单下的"突出显示单元格规则"→"小于"命令，如图 3-29 所示。

（2）设置数值小于 60 的单元格格式为"浅红填充色深红色文本"，如图 3-30 所示。

条件格式

至此，该表格的编辑排版设置就全部完成了，最终效果如图 3-31 所示。

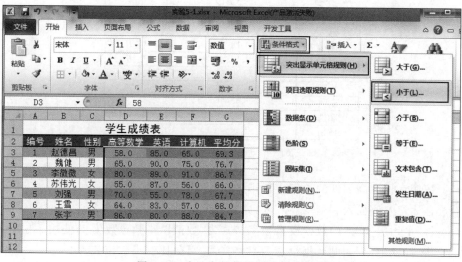

图 3-29　为选定的数据设置条件格式

图 3-30　设置条件格式效果

	A	B	C	D	E	F	G
1				学生成绩表			
2	编号	姓名	性别	高等数学	英语	计算机	平均分
3	1	赵德昌	男	58.0	85.0	65.0	69.3
4	2	魏健	男	65.0	90.0	75.0	76.7
5	3	李微微	女	80.0	89.0	91.0	86.7
6	4	苏伟光	女	55.0	87.0	56.0	66.0
7	5	刘强	男	70.0	55.0	78.0	67.7
8	6	王雪	女	64.0	83.0	57.0	68.0
9	7	张宇	男	86.0	80.0	88.0	84.7
10							

图 3-31　最终完成效果

2. 按要求完成题目

根据图 3-32 所示的"2018 年 6 月全国部分城市房价数据"制作表格（该表格可以在本书指定网址下载，文件名为"实验 3-1 操作 2-部分城市房价数据.xlsx"），要求如下。

城市名称	平均房价(元/平方米)	同比上年(%)
北京	64051	-3.58
天津	24686	-9.48
上海	52319	7.64
广州	33317	18.85
重庆	13204	42.13
武汉	18909	12.91
郑州	14820	2.26
哈尔滨	10059	24.67
昆明	11575	22.99
南京	29027	11.51
呼和浩特	9692	38.28
杭州	32280	35.41

图 3-32　2018 年 6 月全国部分城市房价数据

（1）按照房价由高到低的顺序进行排序。

（2）在表格左侧插入一列"编号"列，并填充编号值。

（3）将"平均房价"列的数据设置数字格式为"数值"，小数位数为 0，使用千位分隔符。

（4）将"同比上年"列的数据设置数字格式为"百分比"，小数位数为 2。

（5）调整适当的行高、列宽，进行必要的字体、字号、边框、底纹等设置，使其更加美观。

（6）使用条件格式将"同比上年"的百分比为正数的用红色字体显示，为负数的用绿色字体显示。

身份证号提取

五、课后作业

（1）在 Word 中对上述数据进行处理，并说出 Word 和 Excel 两个软件在处理数据方面的优劣。

（2）尝试更复杂的条件格式设置。

（3）练习更多的电子表格编辑排版操作。

实验 3-2　电子表格制作规范与方法（二）

一、实验目的

（1）掌握电子表格中常用的公式及函数的使用。

（2）掌握电子表格的基本数据处理方法。

（3）掌握电子表格的图形化表达方法。

二、实验条件要求

（1）硬件：计算机。

（2）系统环境：Windows 7。

（3）Microsoft Excel 2010 软件或 WPS 表格软件。

三、实验基本知识点

1. 公式

Excel 公式是用户根据需求自己构建的计算表达式。一个公式中可以包含各种运算符、常量、变量、函数及单元格引用等。输入一个公式时必须以等号"＝"作为开头，然后再输入公式的表达式。在 Excel 中有 4 类运算符：算术运算符、文本运算符、比较运算符和引用运算符。具体包含的符号如表 3-1 所示。

表 3-1　Excel 公式的运算符类型

类　型	符　号
算术运算符	＋(加)、－(减)、*(乘)、/(除)、^(乘方)、%(百分数)
文本运算符	＝(等于)、＜(小于)、＞(大于)、＜＞(不等于)、＜＝(小于或等于)、＞＝(大于或等于)
比较运算符	&(文本连接)
引用运算符	冒号":"(区域引用)、空格"　"(区域交集)、逗号","(区域并集)

在 Excel 公式中，经常会用到单元格引用。单元格引用代表工作表中的一个单元格或一组单元格。通过使用单元格引用，可以在一个公式中使用工作表上不同部分的数据，也可以在几个公式中使用同一个单元格中的数据。单元格引用包含相对引用、绝对引用和混合引用3 种形式，如表 3-2 所示。

单元格引用

表 3-2　单元格引用的 3 种形式

形　式	说　明
相对引用	引用的是单元格的相对地址，其引用形式为直接用列标和行号表示单元格，如 E3
绝对引用	引用单元格的固定地址，其引用形式为在列标和行号的前面都加上 $，如 $A$1
混合引用	引用中既包含绝对引用又包含相对引用的形式称为混合引用，如 A$1 或 $A1

2. 常用函数

Excel 函数一共有 11 类：数据库函数、日期与时间函数、工程函数、财务函数、信息函数、逻辑函数、查询和引用函数、数学和三角函数、统计函数、文本函数以及用户自定义函数。下面介绍一些常用函数。

（1）SUM 函数：计算所有参数数值的和。

语法格式：

```
SUM(Number1, Number2,…)
```

参数："Number1，Number2，…"代表需要计算的值，可以是具体的数值、引用的单元格（区域）等。

（2）SUMIF 函数：根据指定条件对若干单元格、区域或引用求和。

语法格式：

```
SUMIF(Range, Criteria, Sum_range)
```

参数：Range 为用于条件判断的单元格区域，Criteria 是由数字、逻辑表达式等组成的判定条件，Sum_range 为需要求和的单元格、区域或引用。

（3）AVERAGE 函数：求出所有参数的算术平均值。

语法格式：

```
AVERAGE(Number1, Number2,…)
```

参数："Number，Number2，…"为需要求平均值的数值或引用单元格（区域），参数不超过 30 个。

（4）IF 函数：根据对指定条件的逻辑判断的真假结果，返回相对应的内容。

语法格式：

```
IF(Logical,Value_if_true,Value_if_false)
```

参数：Logical 代表逻辑判断表达式；Value_if_true 表示当判断条件为逻辑"真（TRUE）"时的显示内容，如果省略返回 TRUE；Value_if_false 表示当判断条件为逻辑"假（FALSE）"时的显示内容，如果省略返回 FALSE。

（5）COUNT 函数：统计数组或单元格区域中含有数字的单元格个数。

语法格式：

```
COUNT(Value1, Value2,…)
```

参数："Value1，Value2，…"是包含或引用各种类型数据的参数（1～30 个），其中只有数字类型的数据才能被统计。

（6）MAX 函数：求出一组数中的最大值。

语法格式：

```
MAX(Number1, Number2,…)
```

参数："Number1，Number2，…"代表需要求最大值的数值或引用单元格（区域），参数不超过 30 个。

（7）MIN 函数：求出一组数中的最小值。

语法格式：

```
MAX(Number1, Number2,…)
```

参数："Number1，Number2，…"代表需要求最小值的数值或引用单元格（区域），参数不超过 30 个。

（8）LEFT 函数：根据指定的字符数返回文本串中的第一个或前几个字符。

语法格式：

```
LEFT(Text, Num_chars)
```

参数：Text 是包含要提取字符的文本串；Num_chars 指定函数要提取的字符数，它必须大于或等于 0。

（9）RIGHT 函数：根据指定的字符数返回字符串右端指定个数字符。

语法格式：

```
RIGHT(Text, Num_chars)
```

参数：Text 是包含要提取字符的文本串；Num_chars 指定函数要提取的字符数，它必须大于或等于 0。

（10）MID 函数：MID 返回文本串中从指定位置开始的特定数目的字符。

语法格式：

```
MID(Text, Start_num, Num_chars)
```

参数：Text 是包含要提取字符的文本串；Start_num 是文本中要提取的第一个字符的位置，文本中第一个字符的 Start_num 为 1，以此类推；Num_chars 指定函数要从文本中返回字符的个数。

（11）TODAY 函数：给出系统日期。

语法格式：

```
TODAY()
```

参数：该函数不需要参数。

（12）NOW 函数：给出当前系统日期和时间。

语法格式：

```
NOW()
```

参数：该函数不需要参数。

3. 图表

将工作表以图表方式表示，使观看者能够更快地理解工作表数据，图表能将工作表中的数字变为非常直观的图形格式，并且从图表上很容易看出数据变化的趋势。由于图表的直观性，因此在 Excel 中应用极广。Excel 提供多种样式的图表给用户使用，如柱形图、条形图、折线图、饼图、面积图等基本图表方式，每一种方式又有几种简单的变化样式。选择图表类型取决于数据及如何表示数据。

锁定表头

四、实验步骤

1. 图书销售表的数据处理

1）计算销售额

（1）在本书指定网址下载并打开"实验3-2 操作1-图书销售表.xlsx"，如图3-33所示。

	A	B	C	D	E	F	G	H	I
1	图书编号	书名	图书类别	单价	销售量（本）	销售额（元）	销售额占比	销售达标	
2	JSJ0001	Windows 7 教程	操作系统	17.00	130				
3	JSJ0002	Linux教程	操作系统	18.00	127				
4	JSJ0003	Word提高教程	办公软件	19.00	179				
5	JSJ0004	Excel入门教程	办公软件	19.00	145				
6	JSJ0005	PowerPoint教程	办公软件	19.00	88				
7	JSJ0006	Photoshop教程	图形图像	22.00	129				
8	JSJ0007	Premiere教程	图形图像	19.50	94				
9	JSJ0008	Flash教程	图形图像	21.00	144				
10	JSJ0009	MS Office 完全应用	办公软件	67.00	87				
11	JSJ0010	Java高级教程	编程语言	58.00	124				
12	JSJ0011	C/C++程序设计	编程语言	59.00	159				
13	JSJ0012	J2EE应用实践教程	编程语言	35.00	128				
14	JSJ0013	C#教程	编程语言	98.00	150				
15	JSJ0014	SQL Server 2008入门教程	其他	44.00	109				
16	JSJ0015	数据结构	其他	32.00	134				
17	JSJ0016	互联网安全	网络安全	28.00	82				
18	JSJ0017	计算机网络技术与应用	网络安全	27.50	100				
19	JSJ0018	计算机组成原理与系统结构	其他	46.00	147				
20	JSJ0019	计算机操作系统	操作系统	30.00	127				
21	JSJ0020	Html 5 教程	编程语言	50.00	131				
22	JSJ0021	PHP入门教程	编程语言	41.00	164				
23	JSJ0022	计算机组装与维护	其他	37.00	122				
24	JSJ0023	电子商务概论	其他	34.00	136				

图3-33 "图书销售表"原始数据

（2）在F2单元格输入公式"=D2＊E2"，确认后即可计算出第一行记录的销售额。然后，用自动填充的方法（双击填充柄）计算出全部"销售额"值，结果如图3-34所示。

	A	B	C	D	E	F
F2			fx	=D2*E2		
1	图书编号	书名	图书类别	单价	销售量（本）	销售额（元）
2	JSJ0001	Windows 7 教程	操作系统	17.00	130	2210
3	JSJ0002	Linux教程	操作系统	18.00	127	2286
4	JSJ0003	Word提高教程	办公软件	19.00	179	3401
5	JSJ0004	Excel入门教程	办公软件	19.00	145	2755
6	JSJ0005	PowerPoint教程	办公软件	19.00	88	1672
7	JSJ0006	Photoshop教程	图形图像	22.00	129	2838
8	JSJ0007	Premiere教程	图形图像	19.50	94	1833
9	JSJ0008	Flash教程	图形图像	21.00	144	3024
10	JSJ0009	MS Office 完全应用	办公软件	67.00	87	5829
11	JSJ0010	Java高级教程	编程语言	58.00	124	7192
12	JSJ0011	C/C++程序设计	编程语言	59.00	159	9381
13	JSJ0012	J2EE应用实践教程	编程语言	35.00	128	4480
14	JSJ0013	C#教程	编程语言	98.00	150	14700
15	JSJ0014	SQL Server 2008入门教程	其他	44.00	109	4796

图3-34 用公式计算出销售额

（3）设置"销售额"列数据的数字格式为"数值"，小数位数为2，使用千位分隔符，结果如图3-35所示。

2）排序

（1）如图 3-36 所示，单击"排序和筛选"菜单下的"自定义排序"命令，进入"排序"对话框。

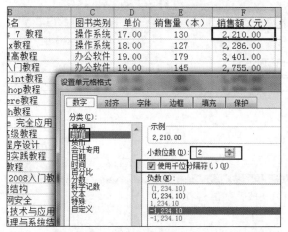

图 3-35　设置"销售额"列的数字格式　　　　　　　　　排序

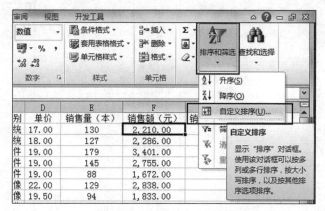

图 3-36　进入"排序"对话框

（2）如图 3-37 所示，设置"主要关键字"为"图书类别"，"排序依据"为"数值"，"次序"为"升序"。单击"添加条件"按钮，设置"次要关键字"为"销售额（元）"，"排序依据"为"数值"，"次序"为"降序"。单击"确定"按钮，排序结果如图 3-38 所示。

3）计算总销售量及总销售额

在 D25 单元格输入"总计："，在 E25 单元格插入函数"＝SUM（E2:E24）"，如图 3-39 所示，计算出总销售量。类似地，在 F25 单元格插入函数"＝SUM（F2:F24）"，如图 3-40 所示，计算总的销售额，结果如图 3-41 所示。

4）计算"销售额占比"列

（1）单击 G2 单元格，输入公式"＝F2/＄F＄25"。注意，在该公式中引用 F2 单元格用的是相对引用，引用 F25 单元格用的是绝对引用，需写成"＄F＄25"形式，也可使用快捷键 F4 进行切换，如图 3-42 所示。

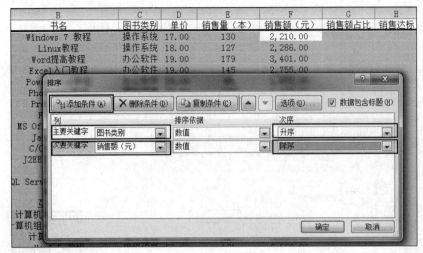

B	C	D	E	F	G	H
书名	图书类别	单价	销售量（本）	销售额（元）	销售额占比	销售达标
Windows 7 教程	操作系统	17.00	130	2,210.00		
Linux教程	操作系统	18.00	127	2,286.00		
Word提高教程	办公软件	19.00	179	3,401.00		
Excel入门教程	办公软件	19.00	145	2,755.00		

图 3-37 设置"排序"方式

	A	B	C	D	E	F
1	图书编号	书名	图书类别	单价	销售量（本）	销售额（元）
2	JSJ0009	MS Office 完全应用	办公软件	67.00	87	5,829.00
3	JSJ0003	Word提高教程	办公软件	19.00	179	3,401.00
4	JSJ0004	Excel入门教程	办公软件	19.00	145	2,755.00
5	JSJ0005	PowerPoint教程	办公软件	19.00	88	1,672.00
6	JSJ0013	C#教程	编程语言	98.00	150	14,700.00
7	JSJ0011	C/C++程序设计	编程语言	59.00	159	9,381.00
8	JSJ0010	Java高级教程	编程语言	58.00	124	7,192.00
9	JSJ0021	PHP入门教程	编程语言	41.00	164	6,724.00
10	JSJ0020	Html 5 教程	编程语言	50.00	131	6,550.00
11	JSJ0012	J2EE应用实践教程	编程语言	35.00	128	4,480.00
12	JSJ0019	计算机操作系统	操作系统	30.00	127	3,810.00
13	JSJ0002	Linux教程	操作系统	18.00	127	2,286.00
14	JSJ0001	Windows 7 教程	操作系统	17.00	130	2,210.00
15	JSJ0018	计算机组成原理与系统结构	其他	46.00	147	6,762.00
16	JSJ0014	SQL Server 2008入门教程	其他	44.00	109	4,796.00
17	JSJ0023	电子商务概论	其他	34.00	136	4,624.00
18	JSJ0022	计算机组装与维护	其他	37.00	122	4,514.00
19	JSJ0015	数据结构	其他	32.00	134	4,288.00
20	JSJ0008	Flash教程	图形图像	21.00	144	3,024.00
21	JSJ0006	Photoshop教程	图形图像	22.00	129	2,838.00
22	JSJ0007	Premiere教程	图形图像	19.50	94	1,833.00
23	JSJ0017	计算机网络技术与应用	网络安全	27.50	100	2,750.00
24	JSJ0016	互联网安全	网络安全	28.00	82	2,296.00

图 3-38 排序结果

	C	D	E	F
18	其他	37.00	122	4,514.00
19	其他	32.00	134	4,288.00
20	图形图像	21.00	144	3,024.00
21	图形图像	22.00	129	2,838.00
22	图形图像	19.50	94	1,833.00
23	网络安全	27.50	100	2,750.00
24	网络安全	28.00	82	2,296.00
25		总计：	=SUM(E2:E24)	

图 3-39 用函数计算总销售量

	C	D	E	F
18	其他	37.00	122	4,514.00
19	其他	32.00	134	4,288.00
20	图形图像	21.00	144	3,024.00
21	图形图像	22.00	129	2,838.00
22	图形图像	19.50	94	1,833.00
23	网络安全	27.50	100	2,750.00
24	网络安全	28.00	82	2,296.00
25		总计:	2936	=SUM(F2:F24)

图 3-40　用函数计算总销售额

	C	D	E	F
教程	其他	44.00	109	4,796.00
	其他	34.00	136	4,624.00
	其他	37.00	122	4,514.00
	其他	32.00	134	4,288.00
	图形图像	21.00	144	3,024.00
	图形图像	22.00	129	2,838.00
	图形图像	19.50	94	1,833.00
用	网络安全	27.50	100	2,750.00
	网络安全	28.00	82	2,296.00
	总计:		2936	108,715.00

图 3-41　计算出总销售量及总销售额的结果

G2	▼	fx	=F2/$F$25	
C	D	E	F	G
图书类别	单价	销售量（本）	销售额（元）	销售额占比
办公软件	67.00	87	5,829.00	0.05361726
办公软件	19.00	179	3,401.00	
办公软件	19.00	145	2,755.00	
办公软件	19.00	88	1,672.00	

图 3-42　计算第一条记录的"销售额占比"

（2）然后双击"填充柄"，自动填充所有记录的"销售额占比"值。再设置 G 列的单元格格式，数字格式类型为"百分比"，"小数位数"为 2，如图 3-43 所示。完成结果如图 3-44所示。

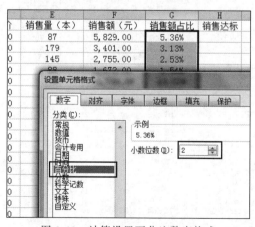

图 3-43　计算设置百分比数字格式

	B	C	D	E	F	G
1	书名	图书类别	单价	销售量（本）	销售额（元）	销售额占比
2	MS Office 完全应用	办公软件	67.00	87	5,829.00	5.36%
3	Word提高教程	办公软件	19.00	179	3,401.00	3.13%
4	Excel入门教程	办公软件	19.00	145	2,755.00	2.53%
5	PowerPoint教程	办公软件	19.00	88	1,672.00	1.54%
6	C#教程	编程语言	98.00	150	14,700.00	13.52%
7	C/C++程序设计	编程语言	59.00	159	9,381.00	8.63%
8	Java高级教程	编程语言	58.00	124	7,192.00	6.62%
9	PHP入门教程	编程语言	41.00	164	6,724.00	6.18%
10	Html 5 教程	编程语言	50.00	131	6,550.00	6.02%
11	J2EE应用实践教程	编程语言	35.00	128	4,480.00	4.12%
12	计算机操作系统	操作系统	30.00	127	3,810.00	3.50%
13	Linux教程	操作系统	18.00	127	2,286.00	2.10%
14	Windows 7 教程	操作系统	17.00	130	2,210.00	2.03%
15	计算机组成原理与系统结构	其他	46.00	147	6,762.00	6.22%
16	SQL Server 2008入门教程	其他	44.00	109	4,796.00	4.41%
17	电子商务概论	其他	34.00	136	4,624.00	4.25%
18	计算机组装与维护	其他	37.00	122	4,514.00	4.15%
19	数据结构	其他	32.00	134	4,288.00	3.94%
20	Flash教程	图形图像	21.00	144	3,024.00	2.78%
21	Photoshop教程	图形图像	22.00	129	2,838.00	2.61%
22	Premiere教程	图形图像	19.50	94	1,833.00	1.69%
23	计算机网络技术与应用	网络安全	27.50	100	2,750.00	2.53%
24	互联网安全	网络安全	28.00	82	2,296.00	2.11%
25			总计：	2936	108,715.00	

图 3-44　计算"销售额占比"结果

5）计算是否"销售达标"列

在 H2 单元格插入 IF 函数"＝IF（E2＞＝100,"是","否"）"，判断如果销售量在 100本（含 100）以上则销售达标，否则即为未达标，如图 3-45 所示。再用自动填充的方法填充该列其余单元格，完成结果如图 3-46 所示。

H2		f_x	=IF(E2)=100,"是","否")		
D	E	F		G	H
单价	销售量（本）	销售额（元）		销售额占比	销售达标
67.00	87	5,829.00		5.36%	否
19.00	179	3,401.00		3.13%	

图 3-45　用 IF 函数计算是否"销售达标"

IF 函数

	A	B	C	D	E	F	G	H
1	图书编号	书名	图书类别	单价	销售量（本）	销售额（元）	销售额占比	销售达标
2	JSJ0009	MS Office 完全应用	办公软件	67.00	87	5,829.00	5.36%	否
3	JSJ0003	Word提高教程	办公软件	19.00	179	3,401.00	3.13%	是
4	JSJ0004	Excel入门教程	办公软件	19.00	145	2,755.00	2.53%	是
5	JSJ0005	PowerPoint教程	办公软件	19.00	88	1,672.00	1.54%	否
6	JSJ0013	C#教程	编程语言	98.00	150	14,700.00	13.52%	是
7	JSJ0011	C/C++程序设计	编程语言	59.00	159	9,381.00	8.63%	是
8	JSJ0010	Java高级教程	编程语言	58.00	124	7,192.00	6.62%	是
9	JSJ0021	PHP入门教程	编程语言	41.00	164	6,724.00	6.18%	是
10	JSJ0020	Html 5 教程	编程语言	50.00	131	6,550.00	6.02%	是
11	JSJ0012	J2EE应用实践教程	编程语言	35.00	128	4,480.00	4.12%	是
12	JSJ0019	计算机操作系统	操作系统	30.00	127	3,810.00	3.50%	是
13	JSJ0002	Linux教程	操作系统	18.00	127	2,286.00	2.10%	是
14	JSJ0001	Windows 7 教程	操作系统	17.00	130	2,210.00	2.03%	是
15	JSJ0018	计算机组成原理与系统结构	其他	46.00	147	6,762.00	6.22%	是
16	JSJ0014	SQL Server 2008入门教程	其他	44.00	109	4,796.00	4.41%	是
17	JSJ0023	电子商务概论	其他	34.00	136	4,624.00	4.25%	是
18	JSJ0022	计算机组装与维护	其他	37.00	122	4,514.00	4.15%	是
19	JSJ0015	数据结构	其他	32.00	134	4,288.00	3.94%	是
20	JSJ0008	Flash教程	图形图像	21.00	144	3,024.00	2.78%	是
21	JSJ0006	Photoshop教程	图形图像	22.00	129	2,838.00	2.61%	是
22	JSJ0007	Premiere教程	图形图像	19.50	94	1,833.00	1.69%	否
23	JSJ0017	计算机网络技术与应用	网络安全	27.50	100	2,750.00	2.53%	是
24	JSJ0016	互联网安全	网络安全	28.00	82	2,296.00	2.11%	否
25				总计：	2936	108,715.00		

图 3-46　计算"销售达标"列结果

6）复制数据

选中 A1～F24 单元格区域，执行复制命令，然后单击工作表标签 Sheet2，切换到 Sheet2 工作表，选中 A1 单元格，右击，在弹出的快捷菜单中选择"粘贴选项："为"值"，如图 3-47 所示。即完成了部分数据的复制。

筛选

7）筛选

（1）在 Sheet2 工作表中，单击"排序和筛选"菜单下的"筛选"命令，如图 3-48 所示。这样，每一列的列表头就出现了自动筛选按钮▾。

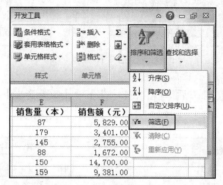

图 3-47　"粘贴选项："为"值"　　　　图 3-48　执行"筛选"命令

（2）单击"图书类别"列表头旁边的自动筛选按钮▾，设置文本筛选部分，只选中"编程语言"复选框，将其他选项的复选项都设为空，如图 3-49 所示。这样就筛选出所有"编程语言"类的图书，结果如图 3-50 所示。

图 3-49　设置自动筛选选项

	A	B	C	D	E	F
1	图书编▼	书名 ▼	图书类▼	单价▼	销售量（本）▼	销售额（元）▼
6	JSJ0013	C#教程	编程语言	98.00	150	14,700.00
7	JSJ0011	C/C++程序设计	编程语言	59.00	159	9,381.00
8	JSJ0010	Java高级教程	编程语言	58.00	124	7,192.00
9	JSJ0021	PHP入门教程	编程语言	41.00	164	6,724.00
10	JSJ0020	Html 5 教程	编程语言	50.00	131	6,550.00
11	JSJ0012	J2EE应用实践教程	编程语言	35.00	128	4,480.00
25						

图 3-50　执行"筛选"后的结果

8）插入图表

（1）在筛选结果基础上，拖动鼠标选中 B 列数据部分，按 Ctrl 键，再拖动鼠标选中 E 列数据部分，如图 3-51 所示。

	A	B	C	D	E	
1	图书编	书名 ▼	图书类▼	单价	销售量（本）▼	销售
6	JSJ0013	C#教程	编程语言	98.00	150	14
7	JSJ0011	C/C++程序设计	编程语言	59.00	159	
8	JSJ0010	Java高级教程	编程语言	58.00	124	7
9	JSJ0021	PHP入门教程	编程语言	41.00	164	
10	JSJ0020	Html 5 教程	编程语言	50.00	131	
11	JSJ0012	J2EE应用实践教程	编程语言	35.00	128	
25						

图 3-51　选中图表数据源　　　　　　　　　　图表

（2）选好数据源后，单击"插入"选项卡，选择"柱形图"菜单下的"簇状柱形图"命令，如图 3-52 所示，即生成柱形图图表，如图 3-53 所示。将图表拖动到适当的位置。

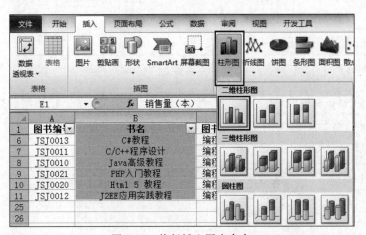

图 3-52　执行插入图表命令

（3）选中图表，单击"布局"选项卡，选择"图例"菜单下的"无"命令，去掉图表中的图例，如图 3-54 所示。

（4）选中图表，单击"布局"选项卡，选择"数据标签"菜单下的"数据标签外"命令，设置显示数据标签，如图 3-55 所示。结果如图 3-56 所示。

（5）单击图表标题，将其修改为"编程语言类图书销售量（本）"，图表最终完成的结果如图 3-57 所示。

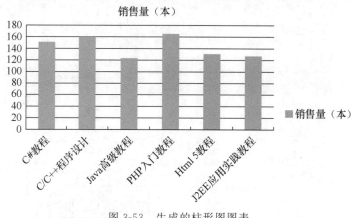

图 3-53　生成的柱形图图表

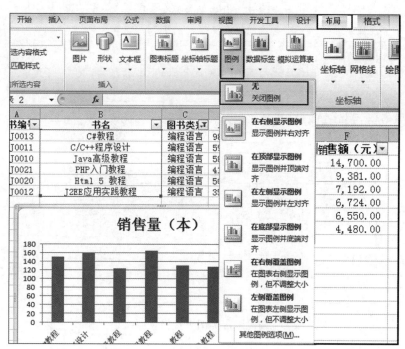

图 3-54　设置图表图例

更多功能读者自己尝试练习。

2. 按要求完成对"公务员报名表"的数据处理

（1）在本书指定网址下载"实验 3-2 操作 2-公务员报名表.xlsx"，用公式及函数计算"报名汇总表"工作表中的"年龄"列的值。

（2）按主要关键字"报考职位"，次要关键字"学历"，对报名汇总表进行排序。

（3）根据"报名汇总表"的数据，计算"学历分配统计"工作表中各学历人数及所占百分比。然后根据各学历所占百分比生成饼图，并对图表外观进行适当的设置调整。

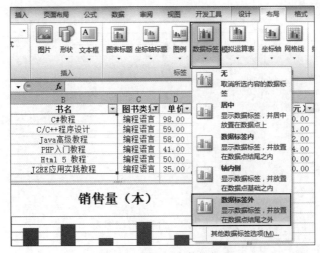

图 3-55　设置图表数据标签

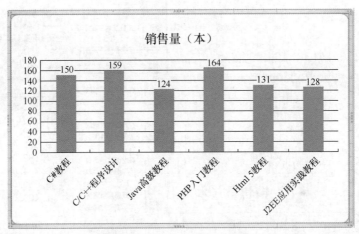

图 3-56　设置图表数据标签结果

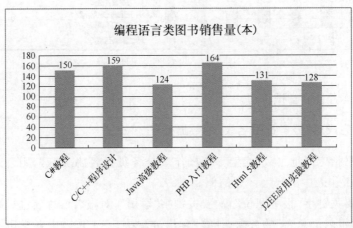

图 3-57　图表最终完成结果

五、课后作业

（1）分析比较使用文字描述、表格和图表表达数据信息的效果，并指出各自的优缺点。

（2）查阅资料，分析常用图表的类型及各自的使用场景。

实验 3-3　电子表格制作规范与方法（三）

一、实验目的

（1）掌握电子表格中分类汇总的方法。

（2）掌握电子表格中数据透视表的创建方法。

（3）熟悉电子表格更多、更丰富的数据处理功能。

二、实验条件要求

（1）硬件：计算机。

（2）系统环境：Windows 7。

（3）Microsoft Excel 2010 软件或 WPS 表格软件。

三、实验基本知识点

1. 分类汇总

分类汇总是指对数据按类别分开，然后以某种指定的方式对每一类数据进行统计。这样就可以得到不同类别的数据统计信息，快速生成有意义的数据报表。Excel 提供的汇总方式主要有求和、求平均、求最大值等。

2. 数据透视表

数据透视表是 Excel 中一个强有力的数据分析利器。对于一个错综复杂的大型工作表，使用数据透视表，只需短短的几分钟，即可从这些数据中提取出最有价值的信息，而且可以快速创建各类报表。即使没有任何函数基础，也可以利用数据透视表快速完成大量数据的汇总，并可确保数据结果的正确性。

3. 部分函数

1）VLOOKUP 函数

语法格式：

```
VLOOKUP(Lookup_Value, Table_Array, Col_Index_Num,[Range_Lookup])
```

功能：在指定区域的首列查找特定值，返回对应行、指定列的值。

说明：要检索的特定值只能在检索区域的首列。

参数：Lookup_Value 表示要查找的值；Table_Array 表示要查找的数据区域；Col_Index_Num 是返回值在检索区域的列号；Range_Lookup 表示查找方式，其值为 FALSE 或 0 表示精确匹配，为 TRUE 表示模糊匹配或近似匹配，此时区域首列必须排序。

2）RANK 函数

语法格式：

```
RANK(Number, Ref,[Order])
```

功能：返回一个数字在数字列表中的排位。

说明：对重复数的排位相同，但重复数的存在将影响后续数值的排位。

RANK 函数

参数：Number 为要查找排名的数字；Ref 为一组数或对一个数据列表的引用；Order 为在列表中排名的方式，如果为 0 或忽略则降序，为非零值则升序。

3）SUMPRODUCT 函数

语法格式：

```
SUMPRODUCT(Array1, Array2, Array3, …)
```

功能：返回相应的数组或区域乘积的和。

说明：所有数组的维数必须一样。

参数：Array1 必需，"Array2，Array3，…"为 2~255 个数组参数，其相应元素需要相乘并求和。

4）INT 函数

语法格式：

```
INT(Number)
```

功能：将数值向下取整为最接近的整数。

参数：Number 为要取整的实数。

5）TRUNC 函数

语法格式：

```
TRUNC(Number, Num_digits)
```

功能：对数字进行截尾操作，即将数字的小数部分或一部分小数截去，返回截取之后的数值。

参数：Number 为要进行截尾操作的数字；Num_digits 为用于指定截尾精度的数字，如果忽略，则为 0。

6）ROUND 函数

语法格式：

```
ROUND(Number, Num_digits)
```

功能：按指定的位数对数值进行四舍五入。

参数：Number 为要四舍五入的数值，Num_digits 为执行四舍五入时采用的位数。例如，"＝ROUND(3.1416,2)"结果为 3.14。如果 Num_digits 为 0，则圆整到最接近的整数，例如，"＝ROUND(3.1416,0)"结果为 3；如果 Num_digits 为负数，则圆整到小数点的左边的相应位数，例如，"＝ROUND(314.16，－2)"结果为 300。

7）SUMIF 函数

语法格式：

```
SUMIF(Range, Criteria, Sum_Range)
```

功能：对满足条件的单元格求和。

参数：Range 为条件区域，用于条件判断的单元格区域；Criteria 为以数字、表达式或文本形式定义的判定条件；Sum_Range 为用于求和计算的实际单元格，如果省略，将使用区域中的单元格。

四、实验步骤

1."课时费统计表"的排版及数据处理

1）设置"课时费统计表"工作表标签颜色

在本书指定网址下载并打开"实验 3-3 操作 1-课时费统计表.xlsx"，如图 3-58 所示。

	A	B	C	D	E	F	G	H	I
1	计算机基础室2012年度课时费统计表								
2	序号	年度	系	教研室	姓名	职称	课时标准	学时数	课时费
3	1	2012	计算机系	计算机基础室	陈国庆				
4	2	2012	计算机系	计算机基础室	张慧龙				
5	3	2012	计算机系	计算机基础室	崔咏絮				
6	4	2012	计算机系	计算机基础室	龚自飞				
7	5	2012	计算机系	计算机基础室	李浩然				
8	6	2012	计算机系	计算机基础室	王一斌				
9	7	2012	计算机系	计算机基础室	向玉瑶				
10	8	2012	计算机系	计算机基础室	陈清河				
11	9	2012	计算机系	计算机基础室	金洪山				
12	10	2012	计算机系	计算机基础室	李传东				
13	11	2012	计算机系	计算机基础室	李建州				
14	12	2012	计算机系	计算机基础室	李云雨				
15	13	2012	计算机系	计算机基础室	苏玉叶				
16	14	2012	计算机系	计算机基础室	王伟峰				
17	15	2012	计算机系	计算机基础室	王兴发				
18	16	2012	计算机系	计算机基础室	夏小萍				
19	17	2012	计算机系	计算机基础室	许五多				
20	18	2012	计算机系	计算机基础室	张定海				
21	19	2012	计算机系	计算机基础室	蒋山农				
22	20	2012	计算机系	计算机基础室	薛馨子				

图 3-58 "课时费统计表"原始数据

将"课时费统计表"标签颜色更改为红色，在工作表标签处右击，在弹出的快捷菜单中选择"工作表标签颜色"→"红色"，如图 3-59 所示。

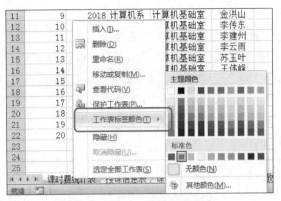

图 3-59 设置工作表标签颜色

2）设置表格标题格式

将"课时费统计表"中的第一行 A1～I1 单元格合并后居中，设置其字体为"华文中宋"，字号为 12，使其成为标题行，结果如图 3-60 所示。

图 3-60 设置表格标题格式

3）调整列宽

选中全部 A～I 列，单击"格式"菜单下的"自动调整列宽"命令，将全部列宽调整到适当的宽度，如图 3-61 所示。

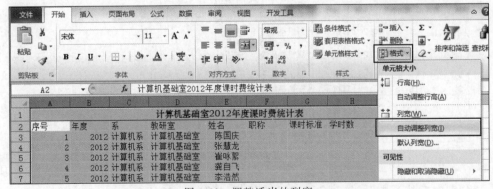

图 3-61 调整适当的列宽

4）套用表格格式

选中 A2～I22 单元格区域,对该区域套用"表样式中等深浅 2"的表格格式,如图 3-62 所示。结果如图 3-63 所示。

图 3-62　设置套用表格格式

序号	年度	系	教研室	姓名	职称	课时标准	学时数	课时费
				计算机基础室2012年度课时费统计表				
1	2012	计算机系	计算机基础室	陈国庆				
2	2012	计算机系	计算机基础室	张慧龙				
3	2012	计算机系	计算机基础室	崔咏絮				
4	2012	计算机系	计算机基础室	龚自飞				
5	2012	计算机系	计算机基础室	李浩然				
6	2012	计算机系	计算机基础室	王一斌				
7	2012	计算机系	计算机基础室	向玉瑶				
8	2012	计算机系	计算机基础室	陈清河				
9	2012	计算机系	计算机基础室	金洪山				
10	2012	计算机系	计算机基础室	李传东				
11	2012	计算机系	计算机基础室	李建州				
12	2012	计算机系	计算机基础室	李云雨				
13	2012	计算机系	计算机基础室	苏玉叶				
14	2012	计算机系	计算机基础室	王伟峰				
15	2012	计算机系	计算机基础室	王兴发				
16	2012	计算机系	计算机基础室	夏小萍				
17	2012	计算机系	计算机基础室	许五多				
18	2012	计算机系	计算机基础室	张定海				
19	2012	计算机系	计算机基础室	蒋山农				
20	2012	计算机系	计算机基础室	薛馨子				

图 3-63　套用表格格式结果

5）设置单元格对齐方式

设置 A2～I2 单元格区域的对齐方式为居中,设置 A3～F22 单元格区域的对齐方式为居中,设置 G3～I22 单元格区域的对齐方式为右对齐。

6）设置数字格式

选中"课时标准"列的数据区域 G3～G22 以及"课时费"列的数据区域 I3～I22,设置其数字格式为"货币","货币符号（国家/地区）"为¥（人民币）,"小数位数"为 2,如图 3-64所示。选中"学时数"列的数据区域 H3～H22,设置其数字格式为"数值","小数位数"为 0,如图 3-65 所示。

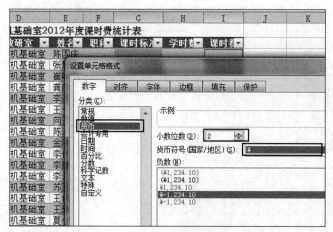

图 3-64　设置"货币"数字格式

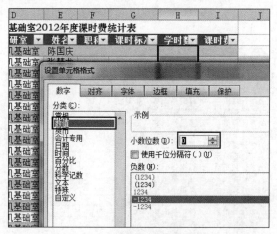

图 3-65　设置整数数值格式

7）填充"职称"列

在 F3 单元格输入 VLOOKUP 函数"＝VLOOKUP（[@姓名],教师基本信息!＄D＄3：＄E＄22,2,0）"计算"职称"值。其中,第 1 个参数单击选中第 1 名教师的姓名单元格 E3,由于使用了套用表格格式,所以显示为"[@姓名]",引用字段标题,第 2 个参数引用"教师基本信息"工作表中的D3～E22 单元格区域,注意要使用绝对地址（可按快捷键 F4 切换）,确认后即可计算出所有的"职称"值,这是由于使用了套用表格格式,增加

VLOOKUP 函数

了自动创建计算列功能，如图 3-66 所示。

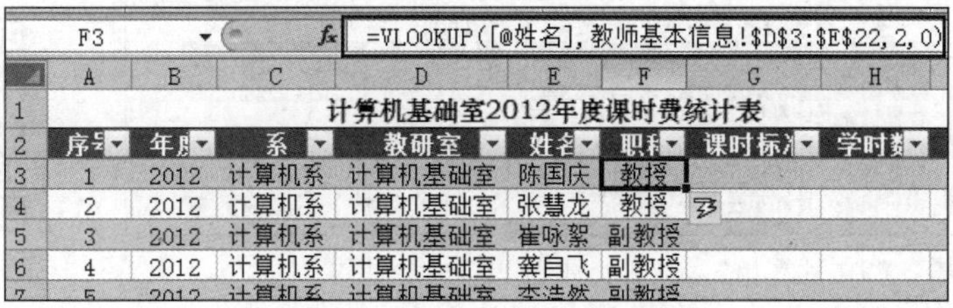

图 3-66　用函数填充"职称"列

8) 填充"课时标准"列

采用类似的方法，在 G3 单元格输入 VLOOKUP 函数"＝VLOOKUP([@职称]，课时费标准!＄A＄3：＄B＄6,2,0)"计算"课时标准"值。其中，第 1 个参数单击选中 F3 单元格，第 2 个参数引用"课时费标准"工作表当中的 A3～B6 单元格区域，注意要使用绝对地址，确认后即可计算出全部的"课时标准"值，如图 3-67 所示。

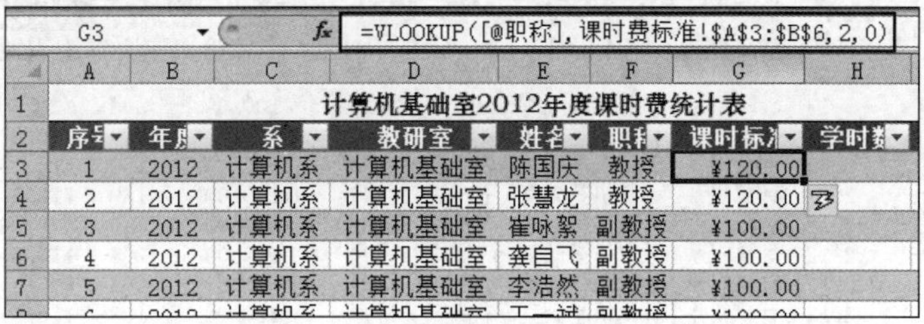

图 3-67　计算出"课时标准"列

9) 计算"学时数"

为了计算出"课时费统计表"中每位教师的总学时数，需要先计算出"授课信息表"中的每门课程的"学时数"。首先，在"授课信息表"工作表中，按"姓名"列的升序进行排序，然后，在 F2 单元格输入"学时数"，在 F3 单元格用 VLOOKUP 函数"＝VLOOKUP(E3，课程基本信息!＄B＄3：＄C＄16,2,0)"计算出第 1 行记录的"学时数"。然后用自动填充的方法(双击填充柄)填充所有的"学时数"，如图 3-68 所示。

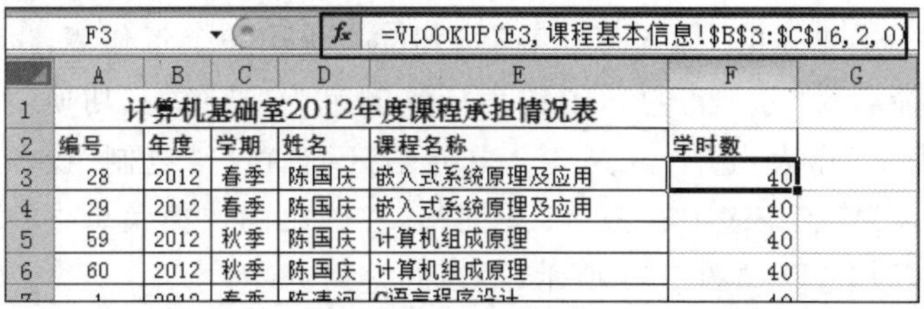

图 3-68　计算出"授课信息表"中每门课程的"学时数"

接下来，在"课时费统计表"的 H3 单元格使用 SUMIF 函数统计每位教师的学时总数，输入"＝SUMIF(授课信息表!＄D＄3：＄D＄72，E3，授课信息表!＄F＄3：＄F＄72)"，确认即可计算出所有的"学时数"，如图 3-69 所示。

	A	B	C	D	E	F	G	H	I
	H3	▼		fx	=SUMIF(授课信息表!$D$3:$D$72,E3,授课信息表!$F$3:$F$72)				
1				计算机基础室2012年度课时费统计表					
2	序号	年度	系	教研室	姓名	职称	课时标准	学时数	课时费
3	1	2012	计算机系	计算机基础室	陈国庆	教授	¥120.00	160	
4	2	2012	计算机系	计算机基础室	张慧龙	教授	¥120.00	192	
5	3	2012	计算机系	计算机基础室	崔咏絮	副教授	¥100.00	208	
6	4	2012	计算机系	计算机基础室	龚自飞	副教授	¥100.00	208	
7	5	2012	计算机系	计算机基础室	李浩然	副教授	¥100.00	152	
8	6	2012	计算机系	计算机基础室	王一斌	副教授	¥100.00	168	

图 3-69　计算出"课时费统计表"中的"学时数"　　　　SUMIF 函数

10）计算"课时费"

在 I3 单元格输入公式"＝G3＊H3"，确认即可计算出全部"课时费"。当单元格显示"＃＃＃＃＃＃"时，表明单元格宽度不够，适当调整列宽即可显示完整数据信息。这样，"课时费统计表"中所有需要计算的数据就都完成了，结果如图 3-70 所示。

	A	B	C	D	E	F	G	H	I
	I3	▼		fx	=G3*H3				
1				计算机基础室2012年度课时费统计表					
2	序号	年度	系	教研室	姓名	职称	课时标准	学时数	课时费
3	1	2012	计算机系	计算机基础室	陈国庆	教授	¥120.00	160	¥19,200.00
4	2	2012	计算机系	计算机基础室	张慧龙	教授	¥120.00	192	¥23,040.00
5	3	2012	计算机系	计算机基础室	崔咏絮	副教授	¥100.00	208	¥20,800.00
6	4	2012	计算机系	计算机基础室	龚自飞	副教授	¥100.00	208	¥20,800.00
7	5	2012	计算机系	计算机基础室	李浩然	副教授	¥100.00	152	¥15,200.00
8	6	2012	计算机系	计算机基础室	王一斌	副教授	¥100.00	168	¥16,800.00
9	7	2012	计算机系	计算机基础室	向玉瑶	副教授	¥100.00	80	¥8,000.00
10	8	2012	计算机系	计算机基础室	陈清河	讲师	¥80.00	208	¥16,640.00
11	9	2012	计算机系	计算机基础室	金洪山	讲师	¥80.00	208	¥16,640.00
12	10	2012	计算机系	计算机基础室	李传东	讲师	¥80.00	192	¥15,360.00
13	11	2012	计算机系	计算机基础室	李建州	讲师	¥80.00	176	¥14,080.00
14	12	2012	计算机系	计算机基础室	李云雨	讲师	¥80.00	128	¥10,240.00
15	13	2012	计算机系	计算机基础室	苏玉叶	讲师	¥80.00	160	¥12,800.00
16	14	2012	计算机系	计算机基础室	王伟峰	讲师	¥80.00	160	¥12,800.00
17	15	2012	计算机系	计算机基础室	王兴发	讲师	¥80.00	160	¥12,800.00
18	16	2012	计算机系	计算机基础室	夏小萍	讲师	¥80.00	120	¥9,600.00
19	17	2012	计算机系	计算机基础室	许五多	讲师	¥80.00	120	¥9,600.00
20	18	2012	计算机系	计算机基础室	张定海	讲师	¥80.00	120	¥9,600.00
21	19	2012	计算机系	计算机基础室	蒋山农	助教	¥60.00	96	¥5,760.00
22	20	2012	计算机系	计算机基础室	薛馨子	助教	¥60.00	96	¥5,760.00

图 3-70　计算出"课时费"结果

11）分类汇总

单击工作表标签右侧的"插入工作表"按钮，新建一个工作表，将工作表标签重命名为"分类汇总"，工作表标签颜色为"蓝色"。切换回"课时费统计表"工作表，选中 A2～I22 单元格区域，执行"复制"操作，然后在"分类汇总"工作表中右击 A1 单元格，在弹出的快捷菜单中选择"粘贴选项："为"值"，如图 3-71 所示，适当调整列宽。

分类汇总

在"分类汇总"工作表中单击"数据"选项卡下的"分类汇总"按钮，在弹出的"分类汇总"对话框中设置"分类字段"为"职称"，"汇总方式"为"平均值"，"选定汇总项"下选中"学时数"和"课时费"两个复选框，如图 3-72 所示，单击"确定"按钮即完成该分类汇总，结果如图 3-73 所示。需要注意的是，分类汇总命令执行之前必须先按分类字段进行排序，本例中事先已经按"职称"字段进行了排序。

图 3-71 粘贴数据值

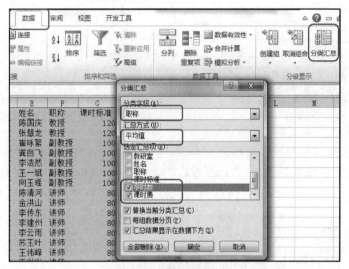

图 3-72 设置分类汇总

	A	B	C	D	E	F	G	H	I
1	序号	年度	系	教研室	姓名	职称	课时标准	学时数	课时费
2	1	2012	计算机系	计算机基础室	陈国庆	教授	120	160	19200
3	2	2012	计算机系	计算机基础室	张慧龙	教授	120	192	23040
4						教授 平均值		176	21120
5	3	2012	计算机系	计算机基础室	崔咏絮	副教授	100	208	20800
6	4	2012	计算机系	计算机基础室	龚自飞	副教授	100	208	20800
7	5	2012	计算机系	计算机基础室	李洁然	副教授	100	152	15200
8	6	2012	计算机系	计算机基础室	王一斌	副教授	100	168	16800
9	7	2012	计算机系	计算机基础室	向玉瑶	副教授	100	80	8000
10						副教授 平均值		163.2	16320
11	8	2012	计算机系	计算机基础室	陈清河	讲师	80	208	16640
12	9	2012	计算机系	计算机基础室	金洪山	讲师	80	208	16640
13	10	2012	计算机系	计算机基础室	李传东	讲师	80	192	15360
14	11	2012	计算机系	计算机基础室	李建州	讲师	80	176	14080
15	12	2012	计算机系	计算机基础室	李云雨	讲师	80	128	10240
16	13	2012	计算机系	计算机基础室	苏玉叶	讲师	80	160	12800
17	14	2012	计算机系	计算机基础室	王伟峰	讲师	80	160	12800
18	15	2012	计算机系	计算机基础室	王兴发	讲师	80	160	12800
19	16	2012	计算机系	计算机基础室	夏小萍	讲师	80	120	9600
20	17	2012	计算机系	计算机基础室	许五多	讲师	80	120	9600
21	18	2012	计算机系	计算机基础室	张定海	讲师	80	120	9600
22						讲师 平均值		159.27	12742
23	19	2012	计算机系	计算机基础室	蒋山农	助教	60	96	5760
24	20	2012	计算机系	计算机基础室	薛謦子	助教	60	96	5760
25						助教 平均值		96	5760
26						总计平均值		155.6	13776

图 3-73 分类汇总结果

12）数据透视表

选中"课时费统计表"中的 A2～I22 单元格区域，单击"插入"选项卡下的"数据透视表"按钮，在弹出的下拉菜单中选择"数据透视表"命令，如图 3-74 所示。在弹出的"创建数据透视表"对话框中选择将数据透视表放置在新工作表中，如图 3-75 所示。

数据透视表

图 3-74　插入"数据透视表"

图 3-75　设置数据透视表的数据源及位置

单击"确定"按钮后即进入数据透视表的设计界面，设置"报表筛选"为"年度"，"列标签"为"教研室"，"行标签"为"职称"，"∑数值"为"求和项：课时费"。完成的数据透视表如图 3-76 所示。将该工作表标签重命名为"数据透视表"，表标签颜色为"蓝色"。

图 3-76　设置数据透视表字段选项

13）插入图表

选中数据透视表的 A5～B8 单元格区域，单击"插入"选项卡下的"饼图"按钮，在弹出的下拉菜单中选择"二维饼图"中的"饼图"，如图 3-77 所示，即完成了饼图的创建。适当调整该饼图的大小和位置，结果如图 3-78 所示。

图 3-77 插入"饼图"

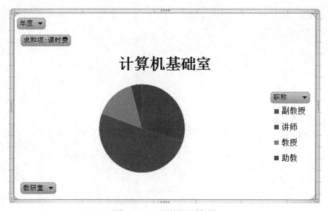

图 3-78 "饼图"结果

2. 按要求完成对"销售数据表"的数据处理

在本书指定网址下载"实验 3-3 操作 2-销售数据表.xlsx"。

(1) 对"订单明细"工作表进行格式调整,通过套用表格格式方法将所有的销售记录调整为一致的外观格式,并将"单价"列和"小计"列所包含的单元格调整为"会计专用"(人民币)数字格式。

(2) 根据图书编号,在"订单明细"工作表的"图书名称"列中,使用 VLOOKUP 函数完成图书名称的自动填充。"图书名称"和"图书编号"的对应关系在"编号对照"工作表中。

(3) 根据图书编号,在"订单明细"工作表的"单价"列中,使用 VLOOKUP 函数完成单价的自动填充。"单价"和"图书编号"的对应关系在"编号对照"工作表中。

(4) 在"订单明细"工作表的"小计"列中,计算每笔订单的销售额。

（5）根据"订单明细"工作表中的销售数据，计算出"统计报告"工作表中要求统计的数据结果，并输入"统计报告"工作表的 B3～B6 单元格中。

五、课后作业

（1）练习分类汇总的更多汇总方式。

（2）了解并使用更多的 Excel 函数。

（3）了解并练习使用 Excel 中更丰富的数据处理功能。

第4章　演示文稿应用

一、实验目的

（1）熟悉 Microsoft PowerPoint 2010 软件。

（2）熟悉并掌握演示文稿的编辑和操作。

二、实验条件要求

（1）硬件：计算机。

（2）系统环境：Windows 系统。

（3）软件环境：Microsoft PowerPoint 2010。

三、实验基本知识点

1. PowerPoint 简介

PowerPoint 是 Microsoft 公司开发的 Office 系列软件中的一个重要组成部分，是专门用于制作演示文稿的应用软件。用户可以在投影仪或者计算机上进行演示，也可以将演示文稿打印出来，制作成胶片，以便应用到更广泛的领域中。利用 PowerPoint 不仅可以创建演示文稿，还可以在互联网上召开面对面会议、远程会议或在网上给观众展示演示文稿，其文件扩展名为 ppt、pptx，也可以保存为 PDF、图片格式等。PowerPoint 2010 及以上版本中可保存为视频格式。

演示文稿基础知识 1

2. 演示文稿制作规范

拒绝 Death by PowerPoint 观点最有效的方法就是制作出效果突出、吸引观众的演示文稿，即把容易犯的共同错误"杂、乱、繁、过"修整为"齐、整、简、适"。制作规范参考如下。

（1）Magic Seven 原则：一张幻灯片上文字行数控制在 7 ± 2 范围内。

（2）KISS(keep it simple and stupid)原则：简单明了，一张幻灯片能在 1 分钟内看完。

（3）文不如表，表不如图，即能用表和图进行说明的就尽量使用，同时可适当增加音频和视频的互动。

（4）"三不"原则：字体不要超过 3 种，色系不要超过 3 种。

（5）突出每张幻灯片的中心思想。

3. PowerPoint 2010 软件简介

演示文稿基础知识 2

PowerPoint 2010 的工作窗口主要包括幻灯片窗口、快速访问工具栏、选项卡、功能区、幻灯片/大纲缩览窗口等，如图 4-1 所示。

（1）幻灯片窗口：位于窗口中部右侧的一块较大的工作空间，用户可直接在此空间中输入文本、插入图片、图形等。其中输入文本的区域是一个虚线框，称为占位符。在幻灯片中输入的所有文本都位于这样的矩形框中。大多数幻灯片都包含一个或多个占位符，用于输入标题、正文文本（如列表或常规段落）和其他内容（如图片或图表）。

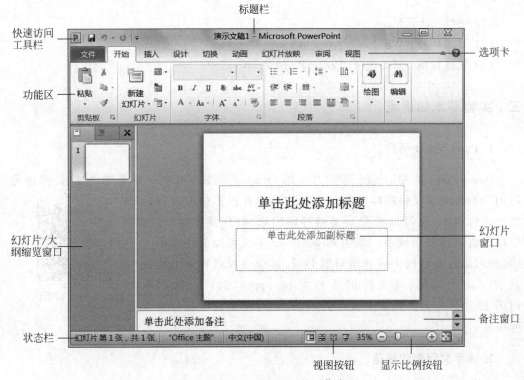

图 4-1　PowerPoint 2010 的工作窗口

（2）快速访问工具栏：位于窗口顶部左侧，通常提供"保存""撤销输入"和"恢复输入"等功能。用户还可利用其右侧的"自定义快速访问工具栏"按钮，根据个人习惯增减所需快速访问的其他功能按钮。

（3）选项卡和功能区：位于标题栏的下方，通常有"文件""开始""插入""设计""切换""动画""幻灯片放映""审阅"及"视图"9 个选项卡。每组选项卡下有多个命令组。根据操作对象不同，功能区会增加相应的选项卡，称为上下文选项卡。例如，在幻灯片中选中图片后,选项卡的最右侧会增加"图片工具→格式"选项卡以方便用户操作。

(4) 幻灯片/大纲缩览窗口:位于功能区的左下侧,在其上方有"幻灯片"和"大纲"两个选项卡。其中,"幻灯片"选项卡以缩略图的形式显示演示文稿,可以通过单击此处的幻灯片缩略图进行幻灯片的切换;"大纲"选项卡以大纲形式显示演示文稿,即每张幻灯片仅显示其中的文字信息。

(5) 备注窗口:用于输入在演示时要使用的备注,可以拖动该窗格的边框以扩大备注区域。备注用于补充或详尽阐述幻灯片中的要点,这将有助于避免幻灯片上包含过多的内容,从而不会让观众感到烦琐。

(6) 状态栏:位于窗口底部左侧,主要显示当前幻灯片的序号、幻灯片总张数、主题等信息。

(7) 视图按钮:位于窗口底部状态栏右侧,分为"普通视图""幻灯片浏览""阅读视图"和"幻灯片放映"4 种。其中,"普通视图"是默认的工作主窗口,也是编辑幻灯片的主要视图。

(8) 显示比例按钮:位于窗口底部右侧,可通过单击两侧的−(缩小)/＋(放大)按钮,或拖动滑块调节幻灯片显示比例。单击最右侧的按钮可使幻灯片自适应当前窗口大小。

4. PowerPoint 2010 常用快捷键

通用快捷键:Ctrl＋N(新建演示文稿)、Ctrl＋M(新建幻灯片)、Ctrl＋C(复制)、Ctrl＋X(剪切)、Ctrl＋V(粘贴)、Alt＋F4 或 Ctrl＋Q(关闭)、Ctrl＋A(全选)、Ctrl＋Z(撤销上一步操作)、Ctrl＋F(查找)、Ctrl＋H(替换)、Ctrl＋O(打开)。

常用编辑快捷键:Shift＋F3(更改字母大小写)、Ctrl＋B(应用粗体)、Ctrl＋U(应用下画线)、Ctrl＋I(应用斜体)、Ctrl＋等号(应用下标)、Ctrl＋Shift＋加号(应用上标)、Ctrl＋空格(删除手动字符格式,如下标和上标)、Ctrl＋Shift＋C(复制文本格式)、Ctrl＋Shift＋V(粘贴文本格式)、Ctrl＋E(段落居中对齐)、Ctrl＋J(段落两端对齐)、Ctrl＋L(段落左对齐)、Ctrl＋R(段落右对齐)。

常用放映控制快捷键:F5(从头开始放映幻灯片);Shift＋F5(从当前幻灯片开始放映幻灯片);Esc(退出幻灯片放映);Page Down、右箭头(→)、下箭头(↓)或空格都执行下一个动画或换页;Page Up、左箭头(←),上箭头(↑)或 Backspace 都执行上一个动画或返回到上一个幻灯片;Shift＋F10(显示右击弹出的快捷菜单);Tab(转到幻灯片上的第一个或下一个超链接);Shift＋Tab(转到幻灯片上的最后一个或上一个超链接)。

四、实验步骤

1. 任务描述

通过创建一个主题为"×××学院简介"的演示文稿,对×××大学×××学院进行简要介绍，让观看者可以通过此演示文稿了解学院概况。内容包括学院概况、专业分布、教学资源、办学特色、近三年毕业生就业趋势、学院风采及交通指南共 7 方面。

2. 具体要求及实验步骤

1）创建演示文稿，以及幻灯片设计模板、版式的应用

（1）打开 Microsoft PowerPoint 2010，新建一个空白演示文稿。选择"设计"功能区"主题"组中"主题"列表框右下角三角形"其他"按钮，打开如图 4-2 所示的"所有主题"对话框，根据提示选择"聚合"。

创建幻灯片和主题

图 4-2　选择主题

（2）在该标题幻灯片（新建的演示文稿默认版式为"标题幻灯片"）中输入主标题"大数据与智能工程学院"，副标题"简 介"。

（3）在该幻灯片左侧的幻灯片浏览视图中右击，在弹出的快捷菜单中选择"新建幻灯片"命令或按 Ctrl＋M 键，如图 4-3 所示，逐一创建以"学院概况""专业分布""教学资源""办学特色""近三年毕业生就业趋势""学院风采"及"交通指南"为标题的新幻灯片。

（4）选择"学院概况"幻灯片，单击"开始"功能区"幻灯片"组中的"版式"按钮，如图 4-4 所示，设置其版式为"标题和内容"。同样操作，将"学院风采"幻灯片版式设置为"比较"，如图 4-5 所示，其余 5 张幻灯片均设置为"标题和内容"版式。

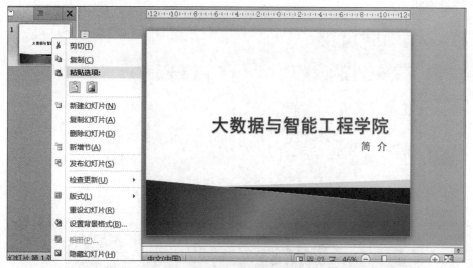

图 4-3　新建幻灯片

图 4-4　幻灯片版式

2）幻灯片母版的编辑，页眉和页脚的设置

（1）单击"视图"功能区"母版视图"组中"幻灯片母版"按钮，进入幻灯片母版编辑状态。在左侧幻灯片浏览视图中选中"标题幻灯片"母版，设置其标题字体为黑体、加粗、默认字号（44），副标题字体为黑体、加粗、默认字号（32），效果如图 4-6 所示。

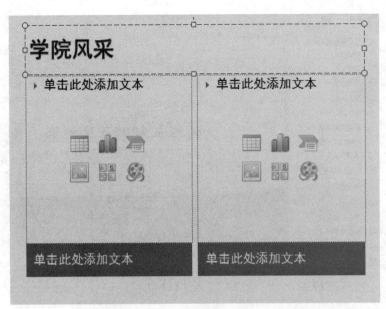

图 4-5　"比较"版式

幻灯片母板的编辑、页眉和页脚设置

图 4-6　"标题幻灯片"母版效果

（2）在左侧幻灯片浏览视图中选中"标题和内容"母版，设置标题字体为黑体、加粗，内容区字体为黑体，效果如图 4-7 所示。

（3）在左侧幻灯片浏览视图中选中"标题和内容"母版后，单击"插入"功能区"文本"组中的"页眉和页脚"按钮，在弹出的对话框中进行如下操作：①选中"幻灯片"选项卡下的"日期和时间"下的"自动更新"单选按钮；②选中"幻灯片编号"复选框；③选中"页脚"复选框并在文本框内输入"大数据与智能工程学院"；④选中"标题幻灯片中不显示"复选框。如图 4-8 所示，最后单击"全部应用"按钮。

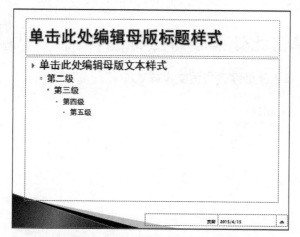

图 4-7 "标题和内容"母版效果

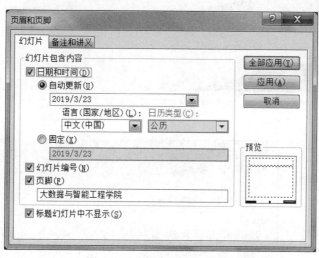

图 4-8 "页眉和页脚"对话框

（4）选择"标题和内容"母版，单击"插入"功能区"图像"组中的"图片"按钮，在弹出的"插入图片"对话框中选择"西南林业大学.jpg"的图标文件，单击"插入"按钮。拖动图片至右上角，并调整其大小，如图 4-9 所示。同样操作，完成"标题幻灯片"母版中图标的插入。

（5）选择"标题和内容"母版，通过剪切、粘贴及拖动设置页脚，效果如图 4-10 所示。

3）幻灯片文本的应用

（1）将本书指定网址下载的"大数据与智能工程学院素材.docx"文档中的文本添加到对应的幻灯片中。

（2）选中"学院概况"幻灯片下文本占位符中的文本，单击"开始格式"功能区"段落"组中右下角的箭头，在弹出的如图 4-11 所示的"段落"对话框中设置"行距"为"多位行距"，"段前"为"0.5 磅"。

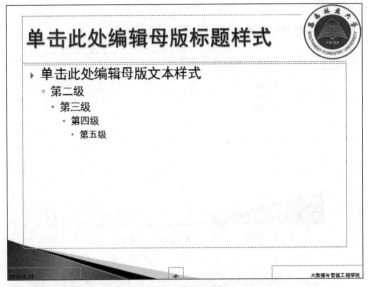

图 4-9　插入图标

图 4-10　页脚设置效果

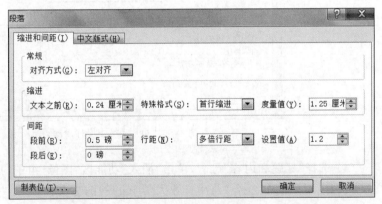

幻灯片文本的应用

图 4-11　"段落"对话框

（3）选中"学院概况"幻灯片下文本占位符中的文本，单击"开始"功能区"段落"组中的"编号"下拉按钮，如图 4-12 所示，选择"1.2.3."样式，效果如图 4-13 所示。

（4）选中"办学特色"幻灯片下文本占位符中的文本，单击"开始"功能区"段落"组中的"项目符号"按钮，如图 4-14 所示，选择"加粗空心方形项目符号编号"。

（5）选中"办学特色"幻灯片，从第 2 行开始选择文本内容，单击"绘图工具→格式"功能区"段落"组中的"提高列表级别"按钮或按 Tab 健，使所选择的文本降低一个项目级别，效果如图 4-15 所示。

图 4-12 编号选择

学院概况

1. 学院以人工智能技术、大数据技术、软件技术和物联网技术为基础，以智能应用和智能硬件为表现形式，与各学科进行深度交叉，培养具备理论与实践两方面素质，适应产业发展要求的实用型、复合交叉型人才。

2. 学院开设计算机科学与技术、电子信息工程、信息工程、电子科学与技术、数据科学与大数据技术5个本科专业，其中"计算机科学与技术"专业在2013年被列入云南省卓越工程师培养项目，学院于2016年被列入云南省首批本科高校转型发展试点学院。

3. 学院有硕士点5个，将信息技术与林业、农业生产实践相结合，为我省的林业、农业信息化建设培养和输送了近4000名优秀专业人才。

图 4-13 编号设置后效果

图 4-14 项目符号设置

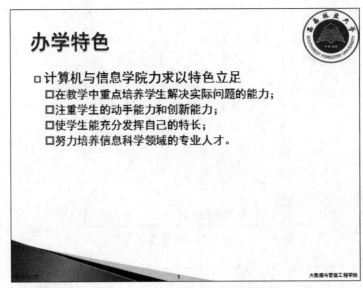

图 4-15　设置项目符号和缩进后效果

4）制作表格幻灯片

（1）在"教学资源"幻灯片的内容占位符中，单击"插入表格"按钮。如图 4-16 所示，在弹出的"插入表格"对话框中设置表格列数为 3，行数为 6。再分别选中第 1 列前 3 行、第 1 列后 3 行、第 3 列前 3 行、第 3 列后 3 行，右击，在弹出的快捷菜单中选择"合并单元格"命令。

制作表格

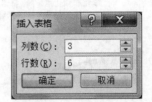

图 4-16　插入表格

（2）选中表格后，功能区增加"表格工具→设计"及"表格工具→布局"两个选项。选中整个表格，在功能区"开始"选项卡下设置字号为 20、加粗；在功能区"表格工具→设计"选项卡下选择所需边框及边框线宽度为"3.0 磅"，如图 4-17 所示。在功能区"表格工具→布局"选项卡下的"对齐方式"组中单击"垂直居中"按钮。表格设置后的最终效果如图 4-18 所示。

图 4-17　表格边框设置

（3）参考最终效果图 4-18 输入文本。

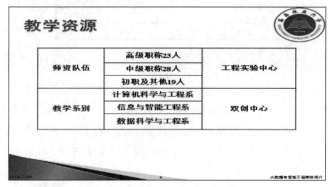

图 4-18　表格设置后的最终效果

5）制作图表幻灯片

（1）在"近三年毕业生就业趋势"幻灯片的内容占位符中，单击"插入图表"按钮，在如图 4-19 所示的"插入图表"对话框中选择"柱形图"下的"三维簇状柱形图"。删除样表中的数据，将表 4-1 中的目标数据复制进样表，如图 4-20 所示。

制作幻灯片图表

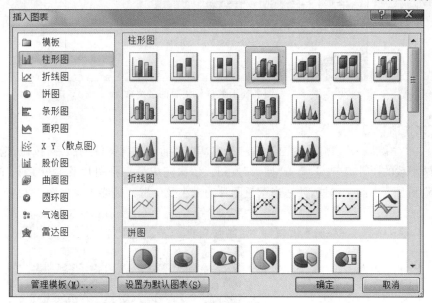

图 4-19　"插入图表"对话框

表 4-1　近三年毕业生的初次就业率与最终就业率

	2015 年	2016 年	2017 年
初次就业率	87.97％	87.27％	88.19％
最终就业率	97.10％	97.80％	98.71％

	A	B	C	D
1		2015年	2016年	2017年
2	初次就业率	87.97%	87.27%	88.19%
3	最终就业率	97.10%	97.80%	98.71%

图 4-20　输入新数据

（2）在幻灯片中选中图表后，功能区增加"图表工具→设计""图表工具→布局"和"图表工具→格式"3个选项卡。选择"图表工具→设计"功能区"数据"组中的"切换行→列"按钮（Excel 2010 中图表不用此操作）。然后再选择"图表工具→布局"功能区"标签"组中的"数据标签"按钮，选择其下拉菜单中的"显示"命令。最终效果如图 4-21 所示。

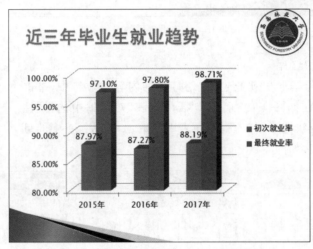

图 4-21　图表显示数据标签后的最终效果

6）制作图片幻灯片

（1）在"学院风采"幻灯片的内容占位符中，单击"插入来自文件的图片"按钮，选择本书指定网站下载的图片"1.jpg"，单击"插入"按钮。依次完成另一张图片及学校 Logo 的插入。分别删除图片下方的文本框，并适当调整图片的大小及位置。最终效果如图 4-22 所示。

制作图片幻灯片　　　　　　图 4-22　学院风采幻灯片的最终效果

（2）同样操作，将"map.jpg"加入"交通指南"幻灯片中，并适当调整图片的大小及位置。

7）在幻灯片中绘制 SmartArt 图形

在"专业分布"幻灯片的内容占位符中，单击"插入 SmartArt 图形"按钮，弹出"选择 SmartArt 图形"对话框，选择"层次结构"→"组织结构图"，如图 4-23 所示。选中 SmartArt 图形后，功能区增加"SmartArt 工具→设计"和"SmatArt 工具→格式"两个选项卡。首先选中"组织结构图"左侧的分支形状，单击键盘上的 Delete 键将其删除。再选中第 2 行右侧的形状，选择"SmartArt 工具→设

绘制 SmartArt 图形

计"功能区"创建图形"组中的"添加形状"下拉按钮，在弹出的菜单中选择"在后面添加形状"命令。接着为组织结构图中的各形状逐一输入文字。最终效果如图 4-24 所示。

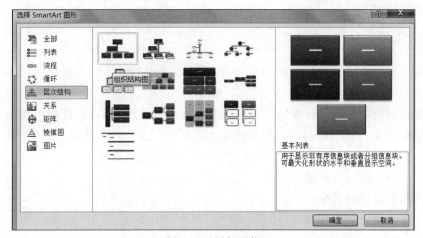

图 4-23 添加形状

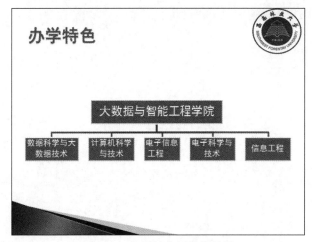

图 4-24 组织结构图最终效果

五、课后作业

(1) 新建一个以本人的"学号姓名 1"命名的文件夹。再打开 PowerPoint 2010，新建一个空白演示文稿，单击"文件"菜单下的"保存"命令，以本人的"学号姓名 1.pptx"命名，如"20150557001 张三 1.pptx"，保存在此文件夹下。

在该文档中完成上述介绍的参考实例。

(2) 新建一个以本人的"学号姓名 2"命名的文件夹。再打开 PowerPoint 2010，新建一个空白演示文稿，单击"文件"菜单下的"保存"命令，以本人的"学号姓名 2.pptx"命名，如"20180557001 张三 2.pptx"，保存在此文件夹下。

在该文档中完成以下任务：利用所学的 PowerPoint 知识，参考实例，将自己感兴趣的内容制作成 PPT。

具体实验步骤及要求如下。

① 幻灯片不得少于 10 张。

② 可以选择自己感兴趣的内容进行介绍，如自己的家乡、个人喜好、朋友或同学等信息。

③ 必须对演示文稿进行修饰。可以通过更改幻灯片的主题、背景颜色或背景设计，如添加底纹、图案、纹理或图片等，使幻灯片外观更具个性。如希望插入自选图片，可单击"插入"功能区"插图"组中的"图片"按钮，浏览目录找到相应图片。

④ 必须用到幻灯片切换。

⑤ 必须设置动画效果。

⑥ 尽可能插入音频和视频。

注意：以上作业按要求的名称保存后上交到任课教师指定的位置。

第 5 章　互联网应用

一、实验目的

（1）掌握互联网信息搜索的方法。
（2）掌握免费电子邮箱的申请方法。
（3）掌握无线路由器的设置方法。

二、实验条件要求

（1）硬件：能连接互联网的计算机、无线路由器。
（2）系统环境：Windows 系列。
（3）软件环境：IE 浏览器、Chrome 浏览器。

三、实验基本知识点

本实验作为互联网的应用型实验，主要包括互联网信息的搜索方法、免费电子邮箱的申请和使用，以及无线路由器的设置。互联网信息的搜索方法以百度（Baidu）为例进行介绍，其他搜索引擎（Google、bing 等）与之类似。免费电子邮箱的申请和使用以 126 为例进行介绍，其他电子邮箱（Gmail、163、QQ 等）与之类似。无线路由器的设置以 TP-LINK 路由器为例进行介绍，其他路由器（D-Link、NETGEAR 等）与之类似。

四、实验步骤

1. 互联网信息搜索方法

互联网信息搜索

搜索引擎的工作原理是根据用户输入的关键字，搜索包含关键词的相关信息，目前常用的搜索对象主要是文本信息及图片信息。但随着搜索引擎技术的发展，还会出现使用手机号码直接搜索归属地、使用股票代码搜索股票信息等搜索技能，需要在日常使用中进行归纳。此外，百度、谷歌等搜索引擎还提供地图、学术论文等各类搜索专栏，课后可自己学习总结。

1）文本信息搜索方法

（1）单个关键词搜索。只需要在搜索引擎的输入框中输入关键词即可，如希望了解"网络安全"方面的知识，可以直接输入"网络安全"关键词进行搜索，如图 5-1 所示。

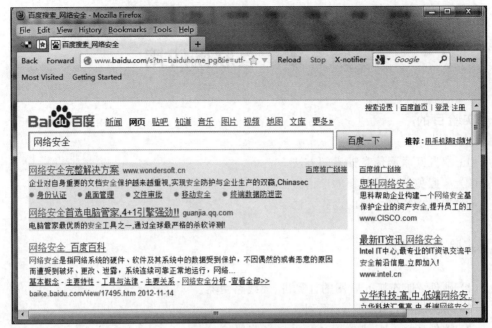

图 5-1　单个关键词搜索

（2）多个关键词搜索（"与"的关系）。打算搜索更多的内容时，可以在搜索框中输入多个关键词，关键词之间使用"空格或 AND"连接多个关键词（注意使用 AND 时前后须有空格）。如希望搜索网络安全工程师的相关信息，可以按如图 5-2 所示进行搜索。

图 5-2　多个关键词搜索（"与"的关系）

（3）多个关键词搜索（"或"的关系）。如果希望搜索到多个关键词其中之一关键词的搜索结果，可以使用 OR 连接多个关键词（注意使用 OR 时前后须有空格）。如希望得到"网络安全"或"工程师"方面的信息，可以按如图 5-3 所示进行搜索。

（4）排除关键词搜索。在搜索结果中希望排除某一关键词中的内容，可以采用减号（—）连接关键词（注意减号前须有空格）。如希望搜索网络安全知识，但不希望搜索网络安全的基础知识，可按如图 5-4 所示进行搜索。

（5）必须带有关键词搜索。在搜索结果中必须带有某一搜索关键词中的内容，可以

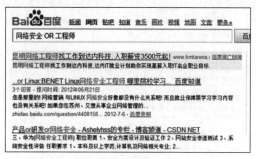

图 5-3　多个关键词搜索（"或"的关系）

图 5-4　排除关键词搜索

采用加号（＋）连接关键词（注意加号前须有空格）。希望搜索网络安全知识，且必须带有基础知识的内容，可按如图 5-5 所示进行搜索。

图 5-5　必须带有关键词搜索

（6）针对标题的关键词搜索。热门词的使用频率高，直接进行全文搜索的结果误差较大，这时针对采用标题的关键词搜索往往能获得最佳效果，具体方法的格式是"intitle：关键词"。如希望搜索网络安全基础知识，且信息标题中有"基础知识"关键词的方法如图 5-6 所示。

（7）特定关键词搜索。在搜索时可以要求只完成包含关键词的搜索，以精简搜索结果，具体方法是在关键词上加双引号（""）。如希望搜索必须带关键词"网络安全基础知识"关键词的方法如图 5-7 所示。

（8）图书关键词搜索。当希望搜索与某些图书相关的信息时，可以用书名号将关键词括起来，图 5-8 为有无书名号的区别。

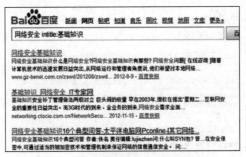

图 5-6　针对标题的关键词搜索

图 5-7　特定关键词搜索

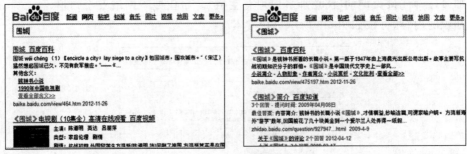

图 5-8　图书关键词搜索

（9）在指定网站内搜索。如果想要限定搜索范围在某个网站范围内，可以用格式"site：网址"进行限定。如希望获得"红黑联盟"网站中"网络安全"信息的方法如图 5-9 所示。

图 5-9　在指定网站内搜索

（10）特定类型文件搜索。如果想要将搜索范围限定在某种文件格式之中，可以采用"filetype：文件类型"格式进行限定。获得"网络安全"方面信息的 PDF 文档的方法如图 5-10 所示。

图 5-10　特定类型文件搜索

2）图片信息搜索方法

图片的搜索可以在搜索引擎提供的图片搜索页面完成，同时可以采用设置图片大小、类型等技巧提高搜索效率。如希望找到分辨率是 1024×768 像素的景色信息，可以采用如图 5-11 所示的方式搜索。

图 5-11　图片搜索

2. 免费电子邮箱的申请及使用

在接入互联网后，就可以在提供免费电子邮箱服务的网站申请自己的邮箱了。

1）邮箱申请过程

（1）启动浏览器，在地址栏输入提供免费邮箱的网址（如 http://www.126.com)后按 Enter 键，在页面中单击"注册"按钮，如图 5-12 所示。

免费电子邮箱的
申请及使用

（2）在打开的页面中输入用户名、密码、验证码等信息，然后单击"立即注册"按钮，如图 5-13 所示。通过以上两步就可以完成 126 免费邮箱的注册。

2）邮件的发送和接收

（1）登录邮箱。步骤：启动浏览器，在地址栏输入提供免费邮箱的网址（如 http：

图 5-12　邮箱注册

图 5-13　邮箱注册用户信息填写页面

//www.126.com)后按 Enter 键,在打开页面中的用户名和密码文本框内输入注册成功的用户名和密码,单击"登录"按钮,如图 5-14 所示。登录成功后,弹出邮箱主页面,如图 5-15所示。

　　(2) 撰写邮件。步骤:在邮件页面中单击"写信"按钮,在"收件人"后的文本框中输入对方的电子邮件地址(例如,qzp@swfu.edu.cn。如需把该邮件抄送其他收件人,可以在"抄送"后的文本框中输入另外一个或几个电子邮件地址),在"主题"后的文本框中输入邮件主题(如"论文初稿"),在"内容"文本框中输入邮件内容,如图 5-16 所示。

　　(3) 添加附件。当需要向对方发送文件或图片时使用该功能,步骤:单击"添加附件"按钮,然后选择附件文件的路径,再单击"打开"按钮,如图 5-17 所示。

　　(4) 发送邮件。单击"发送"按钮后,若提示"邮件发送成功"即完成邮件发送。

　　(5) 接收邮件。登录邮箱后单击"收件箱"按钮,选择需要阅读的邮件,单击打开即可。

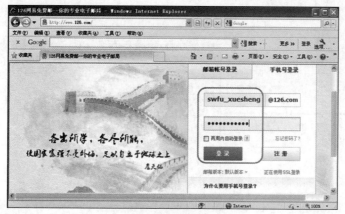

图 5-14 邮箱登录

图 5-15 邮箱主页面

图 5-16 撰写邮件

图 5-17 添加附件

（6）回复邮件。阅读完邮件后如果需要回复，单击"回复"按钮，按照步骤（2）～（4）完成。

（7）下载附件。如果邮件中含有附件，则会出现在附件内容处，打开邮件后，单击附件图标，然后在弹出的下载对话框中单击"保存"按钮即可。

3. 无线路由器的设置

用户有很多设备需要接入互联网，如笔记本计算机、手机、平板计算机等。因此在家里或单位就需要借助无线路由器实现互联网的共享使用。

无线路由器的设置

（1）基础连线。设置无线路由器以前需完成基础连线，步骤：将附带的电源适配器接入圆形电源接口并接通电源，将连网的网线插入黄色 WAN 口，将与计算机网卡连接的网线接入蓝色 LAN 口，如图 5-18 所示。

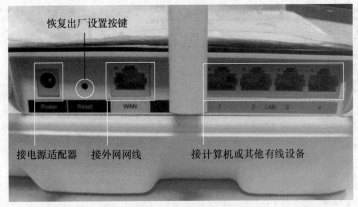

图 5-18 无线路由器接口

（2）连接无线路由器。步骤：在计算机的浏览器中输入无线路由器的默认地址（通常为 192.168.1.1 或 192.168.100.1）并按 Enter 键，在弹出的对话框中输入管理账号（通常为默认用户名 amdin,密码 admin),如图 5-19 所示。

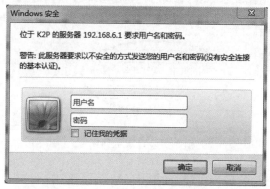

图 5-19 "路由器登录"界面

(3) 利用快速设置向导。首次登录后计算机浏览器会自动跳出"快速设置向导"界面(该界面在后续登录中可通过左侧导航栏第 2 项"设置向导"重新打开),如图 5-20 所示。

图 5-20 "快速设置向导"界面

首先设置上网方式,如图 5-21 所示。通常可以选中"让路由器自动选择上网方式"单选按钮,让无线路由器自动识别上网方式。其他选项的意思:PPPoE——宽带上网方式,需手工输入上网账号,如图 5-22 所示;动态 IP——在单位或学校内部网络的上网方式,无线路由器会自动从网络获取网络配置;静态 IP——也是在单位或学校内部网络的上网方式,需手工输入内部网络的网络配置信息。

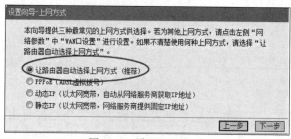

图 5-21 设置上网方式

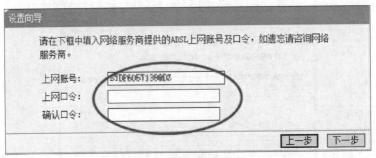

图 5-22　设置上网账号

其次开始设置 WiFi 的连接密码，如图 5-23 所示。SSID 为 WiFi 广播名称，读者可根据需要进行自定义。无线安全选项为 WiFi 加密方式及密码设置，通常选用 WPA-PSK/WP2-PSK 加密方式，密码在加密方式后的文本框中输入（密码推荐设置 8 位以上的字母、数字和特殊符号的组合，以加强安全）。

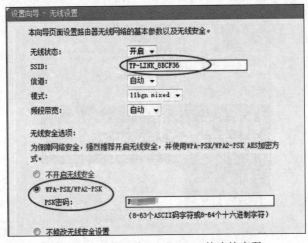

图 5-23　配置无线 ID 和 WiFi 的连接密码

经过以上步骤，快速向导设置完成，如图 5-24 所示。完成后无线路由器会自动重启，重启后以上设置就会生效，这时计算机便可连网。

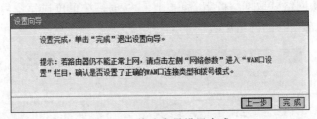

图 5-24　快速向导设置完成

（4）其他配置选项。完成快速向导设置后，再次登录路由器将出现完整的设置界面，该界面具有很多高级设置，如无线参数、DHCP 服务器、转发规则、安全设置、路由功能、

IP 带宽控制、IP 与 MAC 绑定、动态 DNS 等,利用这些功能可进一步提高路由器的工作效率,如图 5-25 所示。

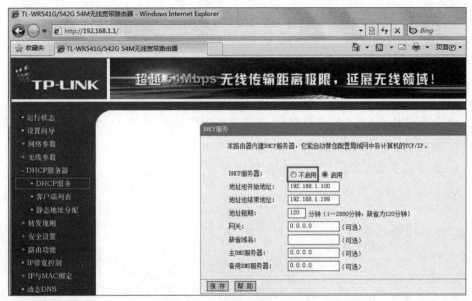

图 5-25　无线路由器高级设置

五、课后作业

(1) 使用本章所介绍的搜索技巧,搜索自己所学专业的相关信息,并制订自己详细的大学学习计划。

(2) 参照 126 电子邮箱的申请方法,重新申请一个 163 邮箱,并将所制订的学习计划发送到科任教师的邮箱中。

(3)自行找到一台无线路由器,通过管理上网方式和 WiFi 密码,完成路由器设置,并使用手机连接该路由器 WiFi 访问网络。

第 6 章　数据库基础与数据处理（Access）

一、实验目的

（1）掌握使用 Access 创建数据库、数据表的操作方法。

（2）掌握 Access 与外部数据（文本文件、Excel）的交互操作。

（3）掌握简单 SELECT 查询语句的使用方法。

（4）掌握 Access 窗体建立的方法。

二、实验条件要求

（1）硬件：计算机。

（2）系统环境：Windows 7。

（3）软件环境：Microsoft Access 2010。

三、实验基本知识点

本实验利用 Access 作为数据库管理系统平台，以学生成绩管理系统数据库为案例数据库，练习数据库、数据表的创建方法，添加、删除、修改记录的操作步骤，数据库与外部数据（文本文件、Excel）的交互，SQL 基础语句，以及数据表窗体的建立等知识点。通过本实验的学习，应熟悉 Access 软件的使用方法，拥有利用 Access 解决实际问题的能力。

学生成绩管理系统数据库（学生成绩管理系统数据库.accdb）涉及 4 个数据表：班级信息表（bjxx）、学生信息表（xsxx）、课程信息表（kcxx）、成绩信息表（cjxx），其各数据结构信息如表 6-1～表 6-4 所示。

表 6-1　班级信息表（bjxx）

字段名	字段类型	字段长度	字段约束	字段描述	示例数据
bjbh	短文本	15	主键	班级编号	20171152
bjmc	短文本	30	不为空	班级名称	计科 17
bjjs	短文本	250		班级介绍	非常好

表6-2　学生信息表（**xsxx**）

字段名	字段类型	字段长度	字段约束	字段描述	示例数据
xsxh	短文本	15	主键	学生学号	20171152100
xsxm	短文本	30	不为空	学生姓名	孙悟空
xsxb	短文本	2	男，女	学生性别	男
xssr	日期			学生生日	1999-10-01
xsbj	短文本	15	不为空	学生班级	20171152

表6-3　课程信息表（**kcxx**）

字段名	字段类型	字段长度	字段约束	字段描述	示例数据
kcbh	短文本	15	主键	课程编号	GDSX001
kcmc	短文本	30	不为空	课程名称	高等数学
kclb	短文本	10	不为空	课程类别	A
kcxf	数字	4,2	不为空	课程学分	4
kcjs	短文本	15		课程介绍	较好

表6-4　成绩信息表（**cjxx**）

字段名	字段类型	字段长度	字段约束	字段描述	示例数据
xsxh	短文本	15	主键	学生学号	20171152100
kcbh	短文本	15	主键	课程编号	GDSX001
kccj	数字	5,2	[0,100]	课程成绩	90.5

　　在学生成绩管理系统数据库中，一个学生只能属于一个班级，班级与学生之间是一对多的关系。一个学生可以选修多门课程，一门课程可被多个学生选修，学生与课程之间是多对多关系；学生学习完一门课程就有一个成绩。4个数据表之间的关系如图6-1所示。

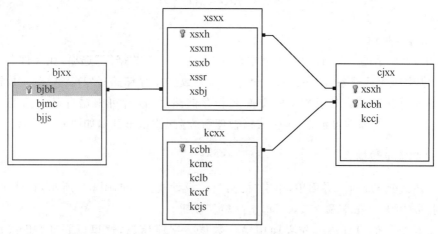

图6-1　学生成绩管理系统数据库中数据表关系图

四、实验步骤

1. 建立学生成绩管理系统数据库

1）打开 Access

数据库基础与
数据处理 Access

打开 Windows"开始"菜单→"所有程序"→Microsoft Office→
Microsoft Access 2010，Access 启动界面如图 6-2 所示。

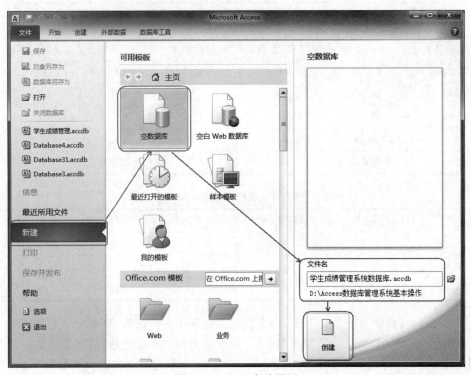

图 6-2　Access 启动界面

2）新建数据库

在图 6-2 所示的 Access 启动界面中选择"新建"→"空数据库"选项，在文件名文本框中输入"学生成绩管理系统数据库.accdb"。选择数据库存储路径"D:\Access 数据库管理系统基本操作"（注：对于数据库文件名和存储路径，读者可根据自己的需要自行修改），单击"创建"按钮即可创建"学生成绩管理系统数据库.accdb"，如图 6-3 所示。

2. 创建简单数据表

（1）在如图 6-3 所示界面中，单击"视图"→"设计视图"，如图 6-4 所示，在弹出的"另存为"对话框中输入表名称为 bjxx，单击"确定"按钮。

（2）在打开的设计表操作界面中输入数据表字段信息，这里以表 6-1 班级信息表（bjxx）为例。在字段名称一栏中输入数据表字段名称，选择数据类型，设置字段长度，在

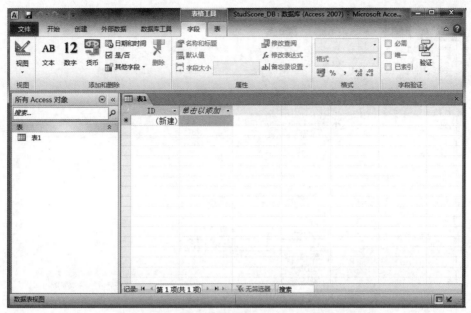

图 6-3　学生成绩管理系统数据库初始界面

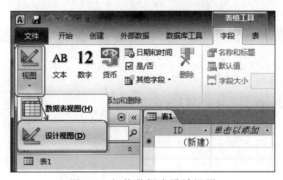

图 6-4　切换数据表设计视图

标题一栏中输入字段的标题信息，选中 bjbh 行，在工具栏单击"主键"按钮设置 bjbh 为主键字段，除 bjjs 字段允许为空即设置必需一栏为"否"外，其他字段不允许为空即设置必需一栏为"是"，如图 6-5 所示。

（3）输入完成数据表字段信息后，单击左上角的"保存"按钮即完成数据表的创建。

3. 编辑数据表记录

1）添加记录

（1）右击新建的班级信息表（bjxx），在弹出的快捷菜单中选择"打开"命令，或直接双击数据表（bjxx）打开数据表录入界面。

（2）在打开的班级信息表（bjxx）中添加记录，输入班级信息表示例数据，如图 6-6 所示。输入完成后，单击新行（带有"＊"标记的），确定输入。

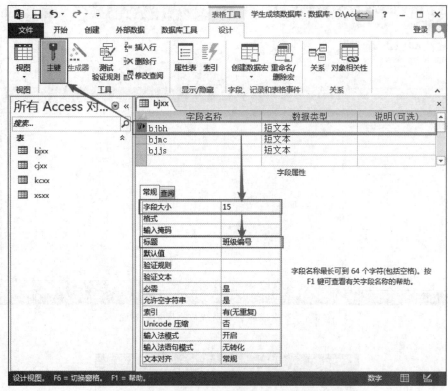

图 6-5　输入班级信息表字段信息

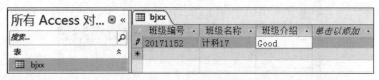

图 6-6　添加记录

2）删除记录

单击记录前的小方框选中学号为 20171152 的整条记录，按 Delete 键或右击，在弹出的快捷菜单中选择"删除记录"命令，如图 6-7 所示。

图 6-7　删除记录

4. 建立复杂数据表

以建立学生信息表（xsxx）为例，介绍其字段约束、数据查阅输入等相关设置操作。

1）建立学生信息表（xsxx）

在"创建"选项卡中选择"表"，然后单击"保存"按钮，输入表名称为 xsxx，然后单击"确定"按钮，如图 6-8 所示。

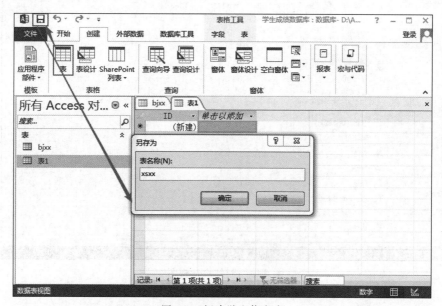

图 6-8　新建学生信息表

2）数据表设计视图

在所有 Access 对象视图中选中 xsxx，右击，在弹出的快捷菜单中选择"设计视图"命令，如图 6-9 所示。

3）输入字段信息

在如图 6-10 所示的字段信息设计框中，根据表 6-2 学生信息表（xsxx）输入相应的字段信息。

4）设置约束规则

对于学生的性别只能输入"男"或"女"，如果数据表没检查而存储了错误信息，这个误输入可能会带来严重后果。可以设想一下，如果你是宿舍分配人员，新生孙悟空的性别被误输入为"田"，那该把孙悟空分配到男生宿舍还是女生宿舍？从数据库角度来说，这是数据表完整性设计问题，而不是用户输入问题。Access 提供的有效性规则可解决这一问题。具体做法：在学生信息表（xsxx）设计视图中选中学生性别 xsxb 字段，在验证规则一栏中输入"'男' Or '女'"。

注意：输入的字符定界符为单引号或双引号，但必须是英文半角，保存并关闭数据表设计视图，如图 6-11 所示。

图 6-9　选择"设计视图"

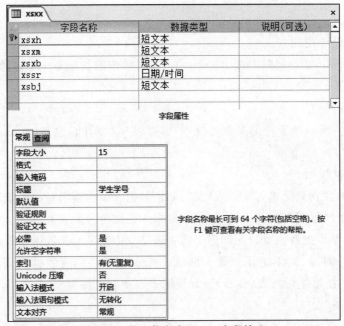

图 6-10　学生信息表（xsxx）字段输入

图 6-11　添加有效性规则

为了检验有效性规则，双击学生信息表（xsxx）进入记录编辑状态，试图将学生孙悟空的性别输入为"田"，结果出现图 6-12 所示的有效性规则检查错误。

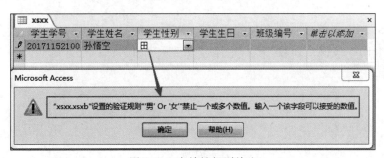

图 6-12　有效性规则检查

5）设置可选字段值列表

学生的性别只能为"男"或"女"，为避免输入错误，可以设置可选"男"或"女"列表值。选中行"xsxb"字段，在"查阅"选项卡中设置"显示控件"为"列表框"，"行来源类型"为"值列表"，"行来源"为"男;女"，注意中间以英文半角分号分隔，如图 6-13 所示。

双击学生信息表（xsxx），在学生性别一栏中下拉可以选择"男"或"女"，如图 6-14 所示。

6）设置参照表字段值列表

在学生成绩管理系统数据库中，一个学生只能属于一个班级，一个班级可以有多个学生，班级与学生之间是一对多的联系。学生信息表中的学生班级（xsbj）字段参照班级信息表（bjxx）中的班级编号（bjbh）字段。Access 提供了参照值查阅功能来实现参照完整性。在学生信息表（xsxx）设计视图中选中字段 xsbj，在"查阅"选项卡中设置"显示控件"

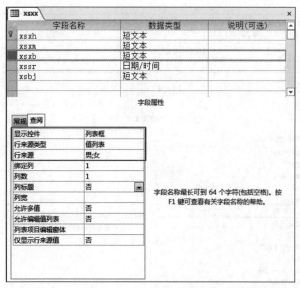

图 6-13　设置可选列表值

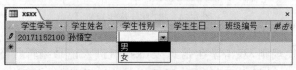

图 6-14　选择列表值

为"列表框"；"行来源类型"为"表/查询"；"行来源"为 bjxx，"绑定列"为 1，表示参照的是班级编号（bjbh）字段值；"列数"为 2，这样可以显示班级名称；"列标题"为"是"，如图 6-15 所示。

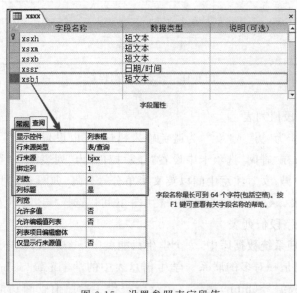

图 6-15　设置参照表字段值

双击学生信息表(xsxx)，在输入学生信息时，下拉班级编号列，可以选择存在的班级记录，如图 6-16 所示。

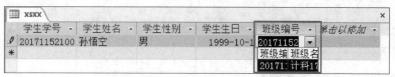

图 6-16 检验表参照字段值

5. Access 与外部数据的交互

1）文本文件导入 Access

（1）确保班级信息表（bjxx）文本记录字段名和结构信息与 Access 数据库建立的 bjxx 一致，如图 6-17 所示。

图 6-17 班级信息表（bjxx）文本记录

（2）在 Access 中选择"外部数据"选项卡，选择"文本文件"选项，如图 6-18 所示。

（3）在打开的"获取外部数据-文本文件"对话框中选择需要导入的文本文件，选中"向表中追加一份记录的副本"单选按钮，数据表为 bjxx，单击"确定"按钮，如图 6-19 所示。

（4）在"导入文件向导"对话框中选中"带分隔符-用逗号或制表符之类的符号分隔每个字段"单选按钮，然后单击"下一步"按钮，如图 6-20 所示。

（5）在"导入文本向导"对话框中选中"第一行包含字段名称"复选框，如图 6-21 所示。

（6）单击"下一步"按钮至导入成功，双击 bjxx 查看导入的数据，如图 6-22 所示。

2）Excel 文件导入 Access

（1）在"外部数据"选项卡中单击 Excel 按钮，指定数据源，选中"向表中追加一份记录的副本"单选按钮，数据表为 xsxx，单击"确定"按钮，如图 6-23 所示。

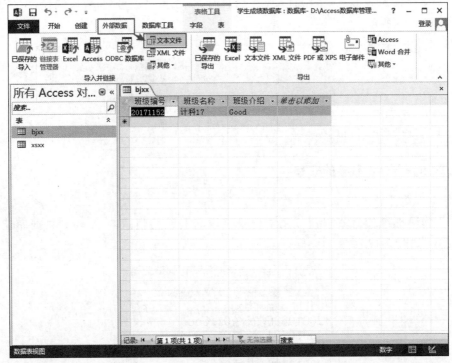

图 6-18　文本文件导入

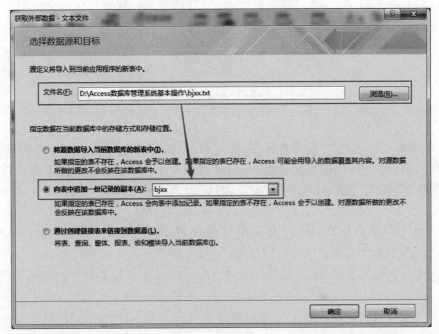

图 6-19　选择导入文本文件和目标表选项

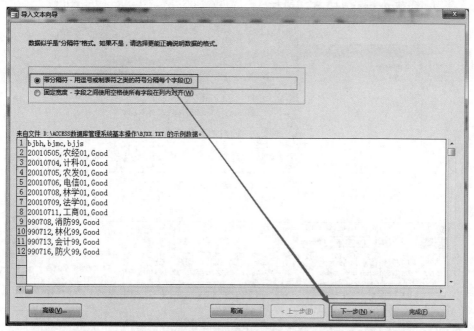

图 6-20　设置分隔符

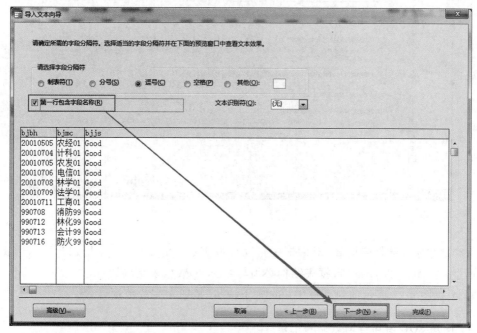

图 6-21　设置首行标题

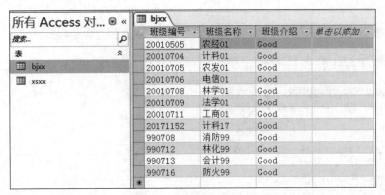

图 6-22　查看导入的数据

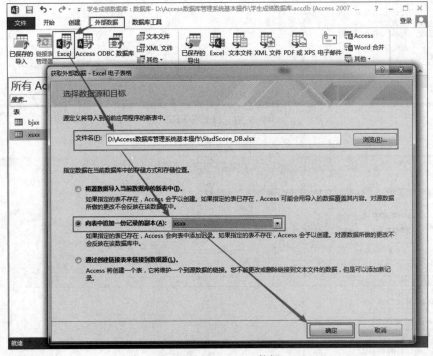

图 6-23　导入 Excel 数据

（2）在"导入数据表向导"对话框中自动获取 Excel 的工作表，这里选择导入数据表 xsxx。注意，导入的 Excel 数据表结构必须与 Access 数据表结构兼容，如图 6-24 所示。

（3）在图 6-25 所示的对话框中，单击"下一步"按钮至完成数据导入。

6. 使用 SQL 语句查询数据表记录

（1）在 Access 工作界面中选择"创建"选项卡，单击"查询设计"按钮，在打开的"显示表"对话框中选择 xsxx 添加到查询设计视图中，双击 xsxx 表中的字段以选择查询字段并设置查询姓"李"的所有学生，如图 6-26 所示，单击"运行"按钮可查看查询结果。

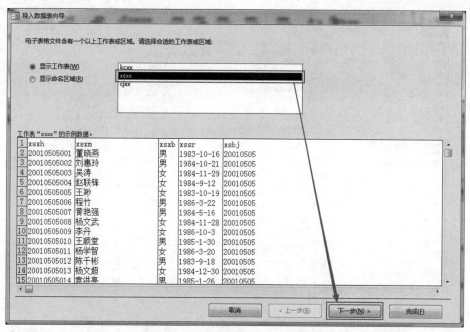

图 6-24　选择导入的 Excel 数据表

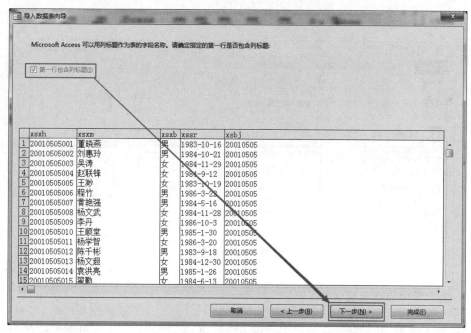

图 6-25　设置首行为标题行

（2）切换 SQL 视图：单击"视图"→"SQL 视图"，可以看到使用查询设计视图自动生成的 SQL 语句，如图 6-27 所示。

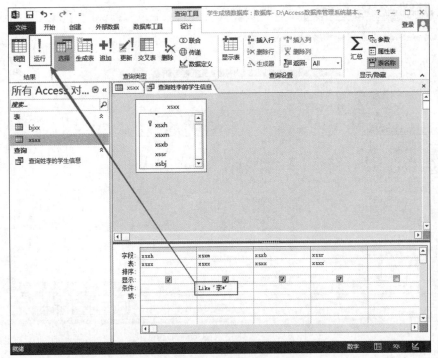

图 6-26　查询记录

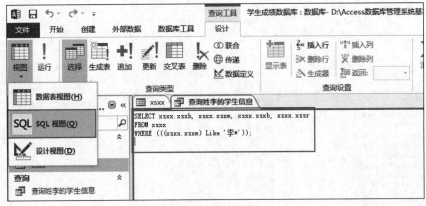

图 6-27　SQL 视图

7. 建立学生信息表窗体

选中 xsxx 表，在"创建"选项卡中单击"窗体"按钮，Access 将建立如图 6-28 所示的学生信息表窗体，在左下角可以单击箭头浏览记录或添加新记录。

8. 实验作业

完成以上练习，根据表 6-3 和表 6-4 所示的数据表结构信息，建立课程信息表（kcxx）

和成绩信息表(cjxx)，并输入相应的示例数据。利用 Access 与外部数据交互功能，练习导入、导出数据，练习如何利用 Access 建立 4 个数据表之间的关系。利用互联网查阅如何统计各学生平均分？如何统计各学生所获得的学分？有能力的读者可以尝试写出相应的 SQL 语句。

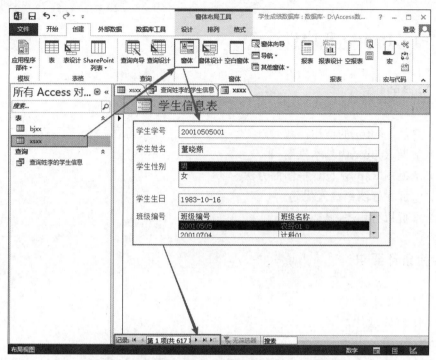

图 6-28　学生信息表窗体

五、课后作业

（1）思考上述学生成绩管理系统数据库中的 4 个数据表，哪些表是实体表？哪些表是关系表？并画出 E-R 图。

（2）利用所学数据库知识，结合自己的专业，根据数据库设计理论建立一个实用的数据库管理系统，练习 Access 数据库的使用以及 SQL 语句的使用。

第7章 程序设计基础与算法

实验 7-1 Raptor 程序设计

一、实验目的

(1) 熟悉 Raptor 的使用。
(2) 掌握 Raptor 的基本框图。
(3) 掌握用 Raptor 设计框图的方法。
(4) 掌握在框图中输入代码。
(5) 掌握执行程序、修改程序。

二、实验条件要求

(1) 计算机一台。
(2) Raptor 软件。
(3) Raptor 的安装。

如果计算机没有安装 Raptor 软件,可按下列步骤下载和安装:打开浏览器,访问 https://raptor.martincarlisle.com/(官网地址),下载 Raptor 软件。双击下载的文件进行安装。或者下载网上绿色版软件,不需要安装,直接启动运行。启动后的界面如图 7-1 所示。

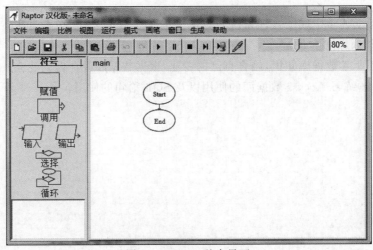

图 7-1 Raptor 基本界面

三、实验基本知识点

1. 认识 Raptor

1）Raptor 模式设置

模式设置成初级或中级比较容易操作和学习，如图 7-2 所示。

Raptor 编程

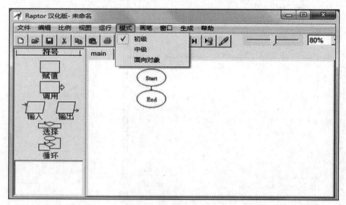

图 7-2　设置初级模式

框图的用法

2）常用功能说明

Raptor 中各个按钮菜单操作说明，如图 7-3 所示。

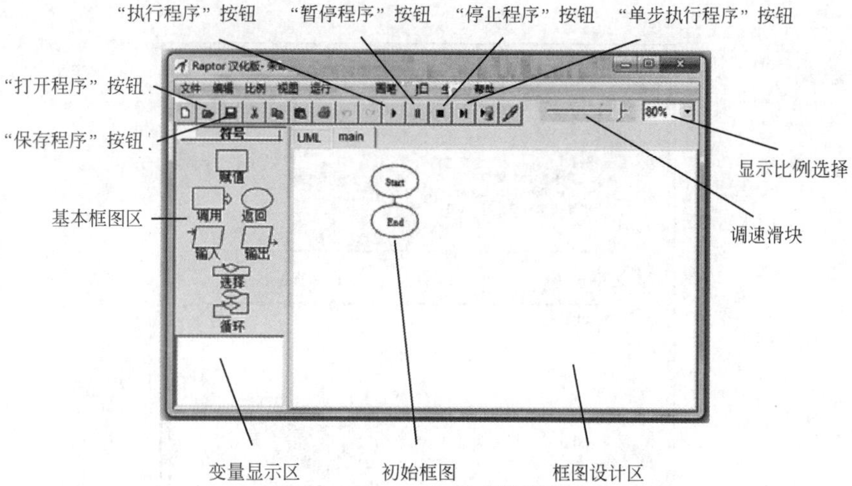

图 7-3　Raptor 主要功能说明

2. 基本框图部件

基本框图部件，也称为框图符号。

1）赋值框

赋值框用来产生变量或改变已存在变量的值，并给变量赋值。相应的代码是 set…

to…，如 set x to 3，表示生成一个变量 x，指定其值为 3，操作界面如图 7-4 所示；又如 set x to x+1，表示把 x 的值修改为 x+1，如图 7-5 所示。

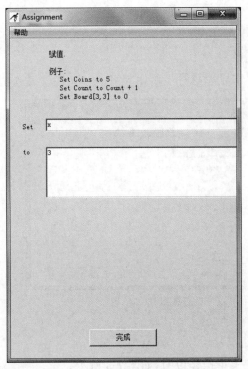

图 7-4　语句 x←3 的设计界面

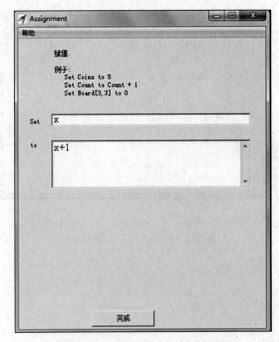

图 7-5　语句 x←x+1 的设计界面

2）输入框

在程序运行过程中,输入框用来给已存在的变量赋值,或生成新变量并赋值。相应的代码是 get…,如 get n 表示通过键盘给变量 n 赋值,如果之前 n 不存在,则产生新变量 n。操作界面如图 7-6 所示。

3）输出框

输出框用来输出变量的值,或输出一个常量。相应的代码是 put…,如 put n 表示输出变量 n 的值,put "Raptor" 表示输出字符串常量"Raptor"。操作界面如图 7-7 所示。

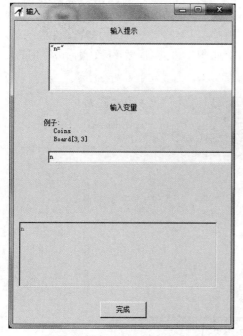

图 7-6　语句 get n 的设计界面

图 7-7　语句 put n 的设计界面

4）选择框

选择框用来对程序进行分支,选择框的关键点是设置条件,如 x＞3 的设置,操作界面如图 7-8 所示。

图 7-8　条件 x＞3 的设计界面

5）循环框

循环框用来解决循环问题,循环框的关键点是设置循环条件,设置循环体。循环条件的设置类似于选择框的条件设置,循环体根据需要反复执行的内容来设置。读者应多做练习以便掌握。

循环框的对应语句 for

循环框的对应语句 while

四、实验步骤

1. 例题

已知长方形的长为 88 厘米,宽为 999 厘米,求面积。

（1）新建程序文件。"文件"→"新建",如图 7-9 所示。

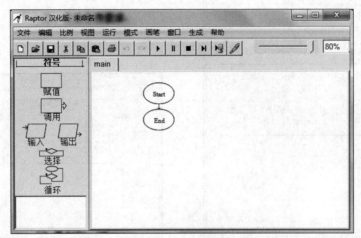

图 7-9　新建程序界面

注意:分别从基本框图区拖到框图设计区,一定要放到连接线上才可以。切记,提示保存时就命名保存。

（2）添加 3 个赋值框和 1 个输出框,如图 7-10 所示。

（3）为赋值框添加代码,双击第 1 个赋值框,在出现的界面中分别输入 a 和 88,如图 7-11 所示。这样就完成了代码 a←88。同样步骤,完成代码 b←999 和 s←a * b。

（4）为输出框添加代码,双击输出框,输入 s,如图 7-12 所示。

（5）执行程序,单击"执行程序"按钮。运行结果如图 7-13 所示。

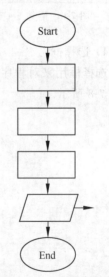

图 7-10　3 个赋值框和
1 个输出框

2. 例题

求 $1+2+\cdots+n$ 的值。

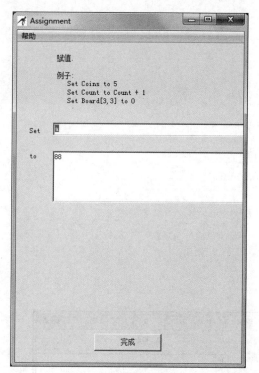

图 7-11 完成 a 的赋值 a←88

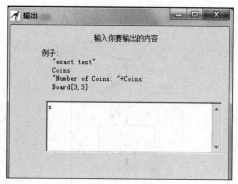

图 7-12 输出框代码

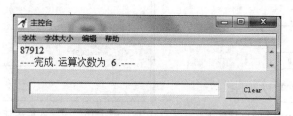

图 7-13 执行结果

（1）新建程序文件。

（2）添加 2 个赋值框、1 个输入框、1 个循环框和 1 个输出框，在循环框内再添加 2 个赋值框，如图 7-14 所示。

（3）为第 1 框添加代码 s←0、为第 2 框添加代码 i←1。

（4）为输入框添加代码 get n，如图 7-15 所示。

（5）为循环框添加条件 i＞n，如图 7-16 所示。

（6）为循环框内的两个赋值框分别添加代码 s←s+i 及 i←i+1。

（7）为输出框添加代码 put "s＝"+s。

（8）执行程序，执行过程中要求用户输入数据，如图 7-17 所示。

执行结果如图 7-18 所示。

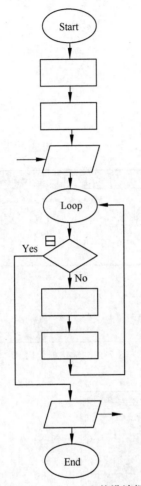

图 7-14　1+2+…+n 的设计框图

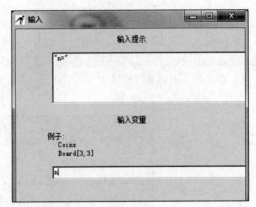

图 7-15　为输入框添加代码 get n

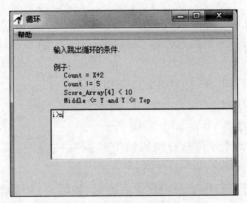

图 7-16　为循环框添加条件 i>n

图 7-17　输入数据

图 7-18　执行结果

五、课后作业

(1) 计算 y 的值。

$$y = \begin{cases} x+9 & x < -5 \\ x^2 + 2x + 1 & -5 \leqslant x < 5 \\ 2x - 15 & x \geqslant 5 \end{cases}$$

(2) 已知直角三角形的一条直角边为 6 厘米,斜边为 28 厘米,求另一条直角边。

(3) 编写程序,输入三角形的 3 条边,计算三角形的面积。

(4) 编程计算 $2+4+6+\cdots+2n$,其中 n 由键盘输入。

(5) 编程输出 10 000 以内所有能被 4 整除但不能被 5 整除的数。

实验 7-2　Python 程序设计

一、实验目的

(1) 熟悉 IDLE 的使用。

(2) 进行简单计算。

(3) 进行复杂计算。

(4) 在 IDLE 中编写程序、执行程序、修改程序。

(5) 学会输入数据。

(6) 学会在程序中计算。

（7）学会输出数据。

二、实验条件要求

（1）计算机一台。

（2）IDLE 软件。

（3）Python 的安装。

如果计算机没有安装 Python，可按以下步骤下载和安装。

① 官网下载：打开浏览器，访问官网 http://www.python.org，选择 Python 3.7 版本进行下载。本实验在 Python 3.6 下进行。

② 双击下载的文件进行安装。

安装后，在 Windows 的"开始"菜单中就能找到 Python 的命令行（command line）及 IDLE（Python GUI）的启动条，如图 7-19 所示。

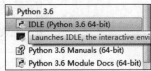

图 7-19　Python 3.6 安装后的"开始"菜单

三、实验基本知识点

1. IDLE 的使用

IDLE 是进行 Python 编程的一个软件，可在 IDLE 中输入 Python 语句立即执行，可把 IDLE 当作计算器使用。使用 IDLE 可以编写和修改 Python 程序并执行 Python 程序。

2. Python 基础知识

Python 语言基础

1）数字、数值型

数字是 Python 中最常用的对象。常见类型有整数、浮点数、复数。

（1）整数。

十进制整数如 0、−1、9、123。

十六进制整数需要 16 个数字（0、1、2、3、4、5、6、7、8、9、a、b、c、d、e、f）来表示整数，为了告诉计算机这是一个十六进制数，必须以 0x 开头，如 0x10、0xfa、0xabcdef。

八进制整数需要 8 个数字（0、1、2、3、4、5、6、7）来表示整数，为了告诉计算机这是一个八进制数，必须以 0o 开头，如 0o35、0o11。

二进制整数只需要 2 个数字（0、1）来表示整数，为了告诉计算机这是一个二进制数，必须以 0b 开头，如 0b101、0b100。

（2）浮点数。浮点数又称小数，如 15.0、0.37、−11.2 均为浮点数。

（3）复数。复数是由实部和虚部构成的数，如 3+4j、0.1−0.5j。

下面是复数的实验代码：

```
>>>a=3+4j
>>>b=5+6j
>>>c=a+b
>>>c
8+10j
>>>c.real              #复数的实部
8.0
>>>c.imag              #复数的虚部
10.0
```

说明：♯起注释作用，Python 不执行♯及后面的内容。

2）字符串

用单引号或双引号括起来的符号系列称为字符串，如'abc' '123' '中国' "Python"。

空串表示为 '' 或 " "，注意是一对单引号或一对双引号。

（1）字符串合并。

字符串合并运算符是＋，用法如下：

```
>>>'abc'+'123'
'abc123'
```

（2）转义字符。

计算机中存在可见字符与不可见字符。可见字符是指键盘上的字母、数字和符号，不可见字符是指换行符、制表符等。不可见字符只能用转义字符来表示，可见字符也可用转义字符表示。转义字符以"\\"开头，后接字符或数字，如表 7-1 所示。

表 7-1　转义字符

转义字符	说　　明	转义字符	说　　明
\'	单引号	\v	横向制表符
\"	双引号	\r	回车符
\\	反斜杠\	\f	换页符
\a	发出系统铃声	\y	八进制数 y 代表的字符
\n	换行符	\xy	十六进制数 y 代表的字符
\t	纵向制表符		

（3）字符串中字符的位置。

字符串中字符的位置如图 7-20 所示。每一个字符都有自己的位置，有两种表示方法，从左端开始用非负整数 0、1、2 等表示，从右端开始则用负整数 −1、−2 等表示。

图 7-20　字符在字符串中的位置

（4）字符串的截取。

截取就是取出字符串的子串。截取有两种方法，一种是索引 s[index]取出一个字符；另一种是切片 s[[start]:[end]]取出一片字符。下面演示代码：

```
>>>s='abcdef'
>>>s[0]           #取出第 1 个字符
'a'
>>>s[-1]          #取出最后一个字符
'f'
>>>s[1:3]         #取出位置为 1、2 的字符,不包括 3
'bc'
>>>s[:3]          #取出从头至位置为 2 的字符
'abc'
>>>s[4:]          #取出从位置 4 开始的所有字符
'ef'
>>>s[:]           #取出全部字符
'abcdef'
```

（5）字符串的比较。

字符串的比较是比较对应位置上的编码,对应位置上的字符都相同,长度也相同,两个字符串才相等;比较过程中一旦不等就得到结论。演示代码如下：

```
>>>s1='Asc'
>>>s2='Asaa'
>>>s1>s2
True
>>>s2>s1
False
>>>s1==s2
False
>>>s1!=s2
True
>>>a1='Asa'
>>>a2='Asa0'
>>>a2>a1
True
```

3）运算符和表达式

Python 的常用运算符如表 7-2 所示。

常用运算符和表达式

表 7-2　Python 的常用运算符

运　算　符	描　　述
x＋y,x－y	加法/合并,减法/集合差集
x＊y,x/y,x//y,x％y	乘法/重复,除法,求整商,余数/格式化

运　算　符	描　述
x**y	幂运算
x<y,x<=y,x>y,x>=y	大小比较/集合的包含关系比较
x==y,x!=y	相等比较,不等比较
x or y	逻辑或(只有 x 为假才会计算 y)
x and y	逻辑与(只有 x 为真才会计算 y)
not x	逻辑非
x if y else z	三元选择表达式,y 为真返回 x,否则返回 z
x in y,x not in y	成员与集合的关系
x is y,x is not y	对象实体测试
x[i]	索引(序列、映射及其他)
x[i:j:k]	切片
x(…)	调用(函数、方法、类及其他可调用的)
(…)	元组/表达式/生成器表达式
[…]	列表
{…}	字典/集合

使用运算符的式子称为表达式。如 $1+2$、$x>y$ and $x>z$、$(x+y)*z$、$x+(y*z)$ 等。在用表达式进行运算时,要善于用圆括号指定运算的顺序。

单独的对象也称为表达式,如 True、x 等。

4) 赋值

把表达式送给变量称为赋值,每一次赋值都产生一个变量,如 $a=5$、$b=a+3$。

5) 输入

用 Python 进行程序设计,输入是通过 input() 函数来实现的,input() 函数的一般格式:

```
x=input('提示')
```

该函数既可以输入实数,也可以输入列表等,在 Python 3.x 中输入的内容都返回一个字符串。如果需要还原,需要使用 eval() 函数。

input() 函数的用法演示代码如下:

```
>>>x=input('x=')
x=12
>>>x
'12'
>>>x=eval(x)
>>>x
```

```
12
>>>a=input('list=')
list=[1,3,5]
>>>a
'[1,3,5]'
>>>a=eval(a)
>>>a
[1, 3, 5]
```

6）输出

用 Python 进行程序设计，输出是通过 print( ) 函数来完成的，print( ) 函数的一般格式：

```
print (输出项列表)
```

其中，输出项列表中的各输出项之间用半角逗号分隔，print 语句的用法演示代码如下：

```
>>>print (1, 2, 3)
1 2 3
>>>print ('s=', 5050)
s= 5050
```

7）eval( )函数

eval( )函数有两个作用：一是计算字符串中的表达式；二是把字符串对象转换成非字符串对象。下面分别进行演示。计算字符串中的表达式：

```
>>>eval('1+2/3')
1.6666666666666665
```

字符串对象转换成非字符串对象：

```
>>>li=eval('2,4')
>>>li
(2, 4)
>>>x=input('x=')
x=3.5
>>>x
'3.5'
>>>x=eval(x)
>>>x
3.5
>>>a,b=eval(input('a,b='))
a,b=2.1,3.6
>>>a
2.1
>>>b
3.6
```

8）单分支语句

单分支语句的一般格式如下：

```
if 条件:
语句组
```

当条件为 True 时就执行语句组，否则不执行语句组。下面举例说明用法：

```
a=3
c=9
if a>2:
c=c+1
```

思考题：这段程序执行后，c 的值是多少？

9）双分支语句

双分支语句的一般格式如下：

```
if 条件:
语句组 1
else:
    语句组 2
```

当条件为 True 时就执行语句组 1，否则就执行语句组 2。下面举例说明用法：

```
a=3
c=9
if a>5:
c=c-1
else:
    c=c+1
    a=a+1
```

思考题：这段程序执行后，变量 a、c 的值分别是多少？

10）循环语句 while

循环语句 while 的一般格式如下：

```
while 条件:
循环体
```

条件为 True 时就执行循环体，循环体执行完后又返回来判断条件；一旦条件为 False 就结束。下面举例说明用法，代码如下：

```
j=1
s=0
while j< 11:
    s=s+j
    print 's=', s
```

思考题：这段程序执行后，输出结果是什么？

11）代码块的缩进

代码的层次结构是靠缩进来体现的，对齐的代码是同一个层次。如下例子：

```
#Exp1.py
a=[[111, 2, 30], [4, 50, 6], [7, 8, 9]]
s1=''
print('_____ 1 _____')
for x in a:
    s=''
    for y in x:
        s1='% 6d' % y
        s=s+s1
    print (s)
print('_____ 2 _____')
i=j=0
while i< 3:
    j=0
    s=''
    while j< 3:
        s1=str(a[i][j])
        s=s+(s1+' '* (6-len(s1)))
        j=j+1
    print (s)
    i=i+1
print( '\n用了两种方法\n')
```

程序运行结果：

```
_____ 1 _____
  111     2    30
    4    50     6
    7     8     9
_____ 2 _____
  111     2    30
    4    50     6
    7     8     9
```

1、2代表使用了两种方法。

12）模块的导入

导入一个模块之后，就能使用模块中的函数和类。导入模块使用 import，常用的格式：

```
import 模块名 1[，模块名 2[，…]]
```

模块名就是程序文件的前缀，不含.py，可一次导入多个模块。导入模块之后，调用模块中的函数或类时，需要以模块名为前缀。例如：

```
>>>import math
>>>math.sin(0.5)
0.479425538604203
```

四、实验步骤

1. 启动 IDLE

（1）从"开始"菜单启动 IDLE，如图 7-21 所示。

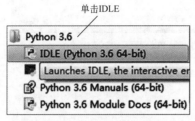

图 7-21　从"开始"菜单启动 IDLE　　　　IDLE 的用法

（2）IDLE 启动后的窗口如图 7-22 所示。

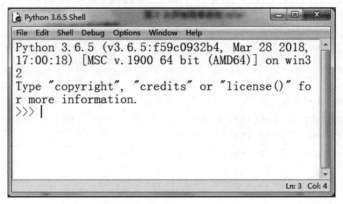

图 7-22　IDLE 启动后的窗口

2. 进行简单计算

输入一些 Python 表达式，进行计算。其中提示符＞＞＞后的表达式是用户输入的，其余的是系统输出的（蓝色部分），如图 7-23 所示。

3. 进行复杂计算

这里的复杂计算是指表达式中需要使用数学函数的计算。为了能够使用数学函数，必须输入一个语句 import math 来导入数学模块。下面输入一些 Python 表达式进行计

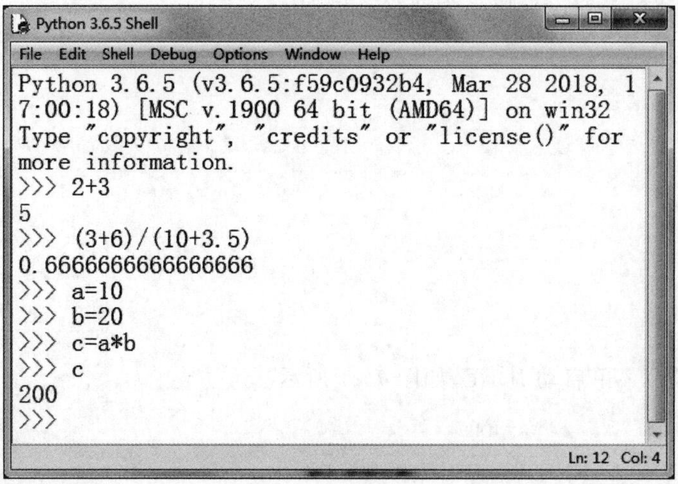

图 7-23　简单计算

算，例如：

```
>>>import math
>>>a=9
>>>b=15
>>>sita=70
>>>c=math.sqrt(a**2+b**2-2*a*b*math.cos(70/180*3.14))
>>>c
14.611551441167332
>>>a=-2
>>>b=15.5
>>>c=7
>>>delta=b*b-4*a*c
>>>x1=(-a+math(delta))/(2*a)
>>>x1=(-a+math.sqrt(delta))/(2*a)
>>>x2=(-a+math.sqrt(delta))/(2*a)
>>>x1,x2
(-4.802978619514627, -4.802978619514627)
>>>print('x1=',x1)
x1=-4.802978619514627
>>>print('x2=',x2)
x2=-4.802978619514627
>>>
```

4. 编写程序文件

1) 编写程序文件

在 IDLE 中编写程序文件的步骤如下。

（1）按 Ctrl＋N 键或选择 File 菜单打开新窗口，如图 7-24 所示，新添加的编程窗口如图 7-25 所示。有了新窗口，就可以输入代码了。

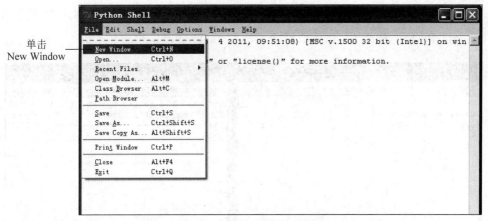

图 7-24 打开新窗口的方法

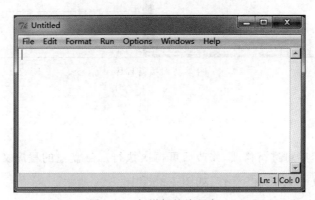

图 7-25 新增加的编程窗口

（2）输入代码并存盘。在新增的窗口中输入代码，输入结束后按 Ctrl＋S 键存盘，或选择菜单选项存盘。以 py 为文件扩展名。文件存盘后的窗口如图 7-26 所示。

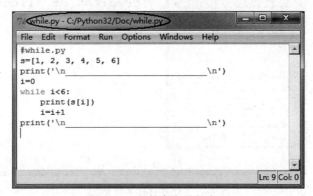

图 7-26 文件存盘后的窗口

2）执行程序

文件存盘后，按 F5 键或选择 Run 菜单选项，就能执行程序。程序的执行结果显示在 IDLE 窗口 Python Shell 中，如图 7-27 所示。

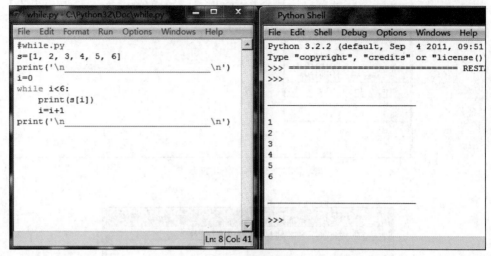

图 7-27　执行程序

5. 程序的修改

对新建立的程序可进行修改，修改后可再次执行。磁盘上的程序文件也可打开进行修改。按 Ctrl+O 键或用菜单操作，如图 7-28 和图 7-29 所示。

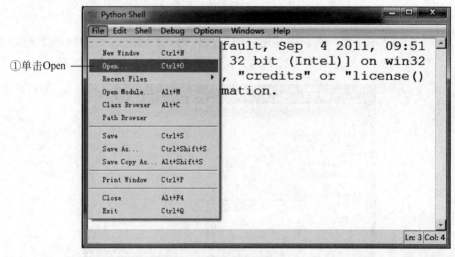

图 7-28　打开程序文件（一）

②选中一个Python
程序文件

③单击"打
开"按钮

图 7-29　打开程序文件(二)

五、课后作业

（1）计算 y 的值。

$$y = \begin{cases} x+9 & x < -5 \\ x^2 + 2x + 1 & -5 \leqslant x < 5 \\ 2x - 15 & x \geqslant 5 \end{cases}$$

（2）已知直角三角形的一条直角边为 6 厘米，斜边为 28 厘米，求另一条直角边。

（3）编写程序，输入三角形的 3 条边，计算三角形的面积。

（4）编程计算 $1+2+\cdots+n$，其中 n 由键盘输入。

（5）编程输出 1000 以内所有能被 11 整除的数。

第8章 拓展学习：计算机实用工具的使用

本章介绍计算机办公常用小工具、小软件。通过本章的学习，能迅速掌握实用技巧，方便、高效地完成相应工作，针对具体情况，能够灵活应用工具解决实际问题。

一、手写输入

手写输入

读者对输入法一定不陌生，常见的输入法有搜狗拼音输入法、百度输入法、谷歌拼音输入法、QQ 拼音输入法、智能 ABC 输入法、必应输入法等拼音类的输入法，以及搜狗五笔输入法、QQ 五笔输入法、极点中文输入法等五笔输入法。但是经常会碰到这样的问题，字不认识，读不出来怎么用拼音打出来？笔画特殊怎么用五笔？此时自然会想到手写输入，手机端手写较为成熟，使用也非常方便，计算机端如何手写呢？下面的工具可以解决这个问题。

1. 微软拼音手写输入

当安装了微软 Microsoft Office 2010 的同时，计算机上也会自动装上两个默认的微软输入法："微软拼音-简捷 2010"和"微软拼音-新体验 2010"，这两个输入法有一个特殊功能——手写输入，通过鼠标书写文字来识别。具体操作如下。

（1）选择"微软拼音-简捷 2010"，如图 8-1 所示。

（2）在输入法快捷方式上选择打开输入板，如图 8-2 所示。

图 8-1　选择输入法

图 8-2　开启输入板

（3）选择左侧手写输入，如图 8-3 所示。

图 8-3　手写板

（4）将光标定位到相应位置，在手写区域书写相应不认识的文字，右侧列出识别到的对应文字，如文字廿（niàn）就可以得到，单击即可输入，并且会有正确读音提示，即在文字旁边显示 nian 4，如图 8-4 所示。

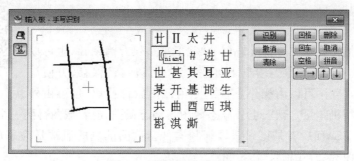

图 8-4　微软拼音手写输入

2. 搜狗拼音手写输入

搜狗拼音输入法自带手写输入功能，安装完成后可以直接使用。

（1）选择输入方式，如图 8-5 所示。

（2）选择"手写输入"方式，如图 8-6 所示。

图 8-5　选择输入方式

图 8-6　选择"手写输入"方式

（3）可进行相应手写输入，也支持长句手写输入，如图 8-7 所示。

图 8-7　搜狗手写输入

另外第三方专用的手写输入法也很多，如"逍遥笔"，单独是一个输入法，字库也比较全，读者可以自行在网上下载使用。

二、截图工具

截图工具

截图就是把在计算机屏幕上看到的"截下来"，保存为图片，也可以选择性地截取一部分，效果与看到的几乎一样，可以自己保存，方便与他人分享。通常截图可以由操作系统或专用截图软件截取，也可由外部设备如数码相机拍摄。截图也分静态截图与动态截图，前者截图得到一个位图文件，如BMP、PNG、JPEG，而后者是得到一段视频文件。截图的目的通常是为了展示特定状态下的程序界面图标、游戏场景等。

1. Windows 截图

Windows 本身有屏幕截图功能，就是"打印屏幕系统请求"（通常是 PrintScreen；或者是 PrintScreenSYSRQ、PrtScn、Print Scrn、Prnt Scrn、Prt Scr、PrtSc）键，通常在 F12 键右边。不论使用的是台式计算机还是笔记本计算机，在键盘上都有一个 PrintScreen 键，但是很多用户并不知道它的用途，其实它就是屏幕抓图的"快门"。当按下它以后，系统会自动将当前全屏画面保存到剪贴板中，只要打开任意一个图形处理软件并粘贴后就可以看到了，当然还可以另存或编辑。

（1）抓取全屏。抓取全屏幕的画面是最简单的操作：直接按 PrintScreen 键，然后打开系统自带的"画图"，也可以使用 Photoshop、Word 等，再按 Ctrl＋V 键即可完成粘贴全屏图片。

（2）抓取当前窗口。有时由于某种需要，只想抓取当前的活动窗口，使用全屏抓图的方法显然不合适了。此时可以按 Alt＋PrintScreen 键就可只将当前的活动窗口抓下了。

图 8-8　Windows 7 自带截图工具

（3）Windows 7 自带截图工具，如图 8-8 所示。

Windows 7 及之后的系统版本自带了一个可以通过鼠标操作的截图工具，非常方便。通过"开始"菜单→"所有程序"→"附件"→"截图工具"，即可调出截图工具。除了全屏截图和窗口截图外，还增加了矩形截图和任意格式截图，并且具有注释功能，可选择笔和荧光笔等功能。

2. 聊天工具截图

人们都知道 QQ 是用来聊天的，其实它的抓图功能也很出色、实用，当在网上看到任何有趣的图片时，可以快速地用它来捕捉后发给聊友，避免了发给聊友链接而被怀疑是QQ 尾巴病毒的尴尬。

用聊天软件 QQ 就可以截图。QQ 截图可以在聊天过程中选择聊天窗口下面的一个小显示器中的小剪刀图标，然后拖动鼠标出现小框，选择要截取的屏幕部分，之后双击就可以把要截取的部分粘贴到聊天窗口里。还有一种方法是开着 QQ 软件，但是不管有没有聊天窗口都可以按 Ctrl＋Alt＋A 键，同样可以截取，截取之后的内容想用的时候在任何可以粘贴的软件中按粘贴即可，如图 8-9 所示。或者按 Ctrl＋V 键也可以实现粘贴。两种方法在想取消截屏时右击都可以取消。

在 QQ 中截图后，下方会多出一个编辑菜单，可以进行标注、增加文字、保存、分享等操作。

3. 第三方专业截图工具

（1）红蜻蜓抓图精灵。专业截图工具，除整个屏幕、活动窗口、选定区域等常规截图外，还有固定区域、选定控件、选定菜单、选定网页的截图，并且快捷键可以自定义，默认是 Ctrl＋Shift＋C 键，如图 8-10 所示。截图完成后图片可以编辑，并且支持图片自动命名编号，路径存放位置修改等。

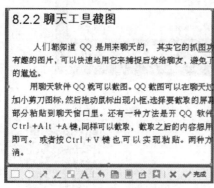

图 8-9　QQ 截图工具

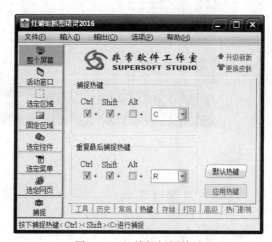

图 8-10　红蜻蜓抓图精灵

（2）HyperSnap 截图，如图 8-11 所示。注意一定要是支持 DirectX 的 DX 系列版本，如果是太老的版本，需要升级。另外需要在主菜单的"捕捉"→"启用特殊捕捉"中选择

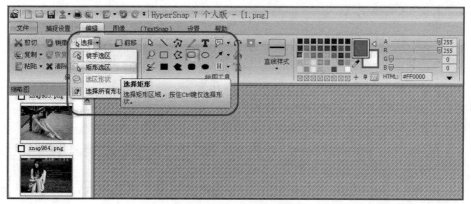

图 8-11　HyperSnap 截图

"DirectX/Direct3D 主表面"和"DirectX 覆盖"，不然截出来可能是一片黑。如果不清楚，就把全部选项都选上。

（3）Snipaste 精准截图不再需要细调截图框，支持贴图隐藏、贴图分组、贴图永久保存。Snipaste 特别适合写文章、写报告的用户。活用 Snipaste 的贴图功能，将会大大提高工作效率。全局模式下任意地方按 F1 键截图，按 F3 键贴图，如图 8-12 所示。

libeay32.dll	2016-5-3 17:43	应用程序扩展	1,233 KB
msvcp140.dll	2016-3-17 22:48	应用程序扩展	434 KB
msvcr120.dll	2013-10-5 2:38	应用程序扩展	949 KB
Qt5Concurrent.dll	2017-5-26 21:02	应用程序扩展	24 KB
Qt5Core.dll	2017-6-1 19:31	应用程序扩展	4,646 KB
Qt5Gui.dll	2017-5-26 21:08	应用程序扩展	4,843 KB
Qt5Multimedia.dll	2017-5-27 0:48	应用程序扩展	563 KB
Qt5Network.dll	2017-5-26 21:07	应用程序扩展	929 KB
Qt5PrintSupport.dll	2017-5-26 21:14	应用程序扩展	261 KB
Qt5Svg.dll	2017-5-26 23:50	应用程序扩展	260 KB
Qt5Widgets.dll	2017-5-26 21:14	应用程序扩展	4,348 KB
Qt5WinExtras.dll	2017-5-27 1:28	应用程序扩展	229 KB
readme.txt	2017-6-2 10:46	文本文档	1 KB
Snipaste.exe	2017-6-2 10:40	应用程序	1,745 KB
splog.txt	2018-7-8 10:47	文本文档	0 KB
ssleay32.dll	2016-5-3 17:44	应用程序扩展	267 KB
vcruntime140.dll	2016-3-17 22:48	应用程序扩展	84 KB

图 8-12　Snipaste 截图

三、数码照片管理工具

数码照片管理工具

现在数码相机随处可见，手机拍照无处不在，但有一个郁闷的事可能会经常碰到——照片越来越多存不下怎么办？移动硬盘、本地硬盘全部满了怎么办？这里介绍几个实用的小工具，可以压缩并管理数码照片。

1."画图"工具也疯狂

"画图"工具是微软 Windows 操作系统的预装软件之一，是一个简单的图像绘画程序。"画图"工具是一个位图编辑器，可以对各种位图格式的图画进行编辑，用户可以自己绘制图画，也可以对扫描的图片进行编辑修改，在编辑完成后，可以以 BMP、JPG、GIF 等格式保存。利用"画图"工具可以管理数码照片。

（1）打开 Windows 7"开始"菜单→"所有程序"→"附件"→"画图"。

（2）在"画图"下拉菜单中选择"打开"命令，找到相应要编辑的数码照片。

（3）在画图工具上编辑数码照片，可以标注、剪切等。

（4）在当前"画图"菜单中选择"另存为"→"JPEG 图片"，重命名后单击"保存"按钮，如图 8-13 所示。

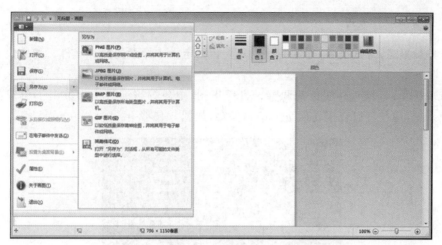

图 8-13　画图工具

　　压缩比率根据照片像素大小决定。正常压缩比例可以达到 50%～70%。例如，10MB 数码照片，另存后大约为 3MB，节省了很大空间，并且画质变化不大，不需要安装其他软件，只是没有批量处理功能。

2. 数码照片压缩大师

　　数码照片压缩大师是一款简明的数码照片压缩工具，以便节省空间及保证网络传输的快捷。全部压缩过程只需几次单击即可：添加照片到数码照片压缩大师→选择保存路径→开始压缩→显示处理结果并退出。可以批量添加文件和文件夹，压缩比例可以自己调整，如图 8-14 所示。

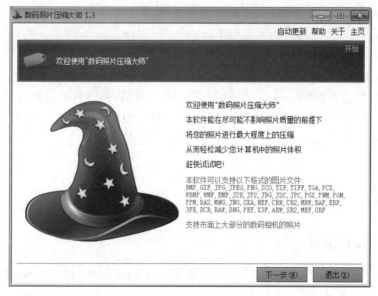

图 8-14　数码照片压缩大师

3. 公务员照片处理

公务员报名,考试报名,通常会让用户上传指定大小像素的照片文件。如何快速处理好照片呢？

(1) 方法一：照片在线免费调整。目前华图、中公等培训机构都推出了免费在线照片处理系统,用户可以直接在网页上编辑保存,如图 8-15 所示。

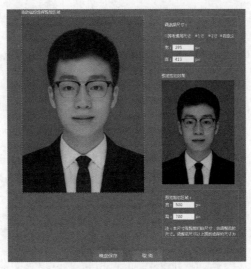

图 8-15　在线编辑照片

第一步：打开网址,上传图片(提示：上传 JPG、PNG、GIF 格式的图片)。

第二步：设置所需图片的大小。

第三步：按住鼠标左键,拖出想要的大小,确定保存。

第四步：单击"下载"按钮,下载到本地。

(2) 方法二：照片处理软件下载,由第三方软件公司或者单位提供。照片审核处理工具(中国人事考试网提供,如图 8-16 所示)、照片处理软件(天津市人事考试网提供,如图 8-17 所示)都是非常小巧、免安装的绿色版照片处理软件,经常处理照片的用户可以下载使用。提示：软件下载到桌面,解压缩,打开文件夹中的 exe 文件运行即可处理照片。本软件只支持 2 寸(35mm×45mm)的照片处理,其他尺寸请用方法一,然后自定义尺寸即可处理。

四、加密软件

1. 巧用 WinRAR 加密

WinRAR 是常用的压缩软件,也可以成为一个加密软件,把需要加密的文件通过 WinRAR 压缩加密,效果不错。

(1) 在需要加密的文件上右击,在弹出的快捷菜单中选择"添加到压缩文件"命令。

图 8-16　照片审核处理工具

图 8-17　照片处理软件

（2）命名压缩文件，选择"高级"选项卡。

（3）单击"设置密码"按钮，在弹出的"带密码压缩"对话框中输入相应密码。

（4）单击"确定"按钮即可，如图 8-18 所示。

小技巧：压缩后的文件，双击打开需要输入密码打开文件，加密后的文件在使用 WinRAR 浏览时，文件名后会出现"＊"，表示是加密文件，可以在此压缩文件中再添加新文件（加密或者不加密）。

图 8-18　WinRAR 压缩加密

2. 大狼狗加密专家软件

大狼狗加密专家是国内领先的专为计算机终端用户设计的一套信息加密系统。它集
文件夹加密、文件加密、磁盘保险箱等强大功能
于一体，采用国际标准的基于智能密码钥匙的
高强度加密算法及双因子身份认证技术，能有
效保护用户隐私和机密信息，防止因这些敏感
信息的外泄而带来的损失与不便。其登录界面
如图 8-19 所示。

大狼狗加密专家是一款非常优秀的信息加
密软件，凭借着完全不同于他人的核心加密技
术，以及长期应用于政府机关等部门的成熟加

图 8-19　大狼狗加密专家登录界面

密解决方案的经验，如今转战个人市场。其并没有总是用那些高深莫测的技术名词来"忽
悠"用户，而是采用化繁为简的方式，整个大狼狗加密专家呈现在用户面前的是一款操作
与应用都非常容易的软件。大狼狗用户是联网注册认证，本地加密解密使用。

五、格式转换工具

1. 视频转换工具——格式工厂

格式工厂（format factory）是套免费的多功能、多媒体文件转换工具，轻松转换一切
用户所想要的格式。格式工厂是上海格式工厂网络有限公司于 2008 年 2 月开发的，面向
全球用户的互联网软件。发展至今，格式工厂已经成为全球领先的视频图片等格式转换
客户端。格式工厂致力于帮助用户更好地解决文件使用问题，现拥有在音乐、视频、图片
等领域庞大的忠实用户，在该软件行业内处于领先地位，并保持高速发展趋势。格式工厂

除了可以更改格式外，还支持编码转换、画质压缩等，适合不同的平台使用，如图 8-20 所示。

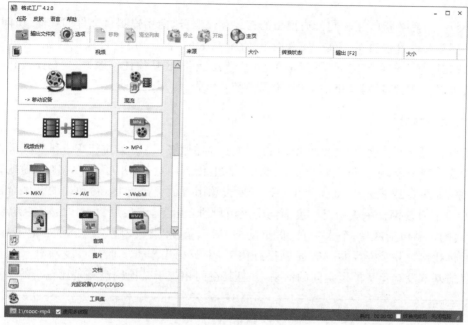

图 8-20 格式工厂

2. 图片转换工具——Picosmos Tools

Picosmos Tools 是一个覆盖图片全功能的软件，包含特效、浏览、编辑、排版、分割、合并和屏幕录像截图等功能，只需安装其中一个就足以应付几乎所有情况。具体操作和手机上的美图秀秀类似，如图 8-21 所示。

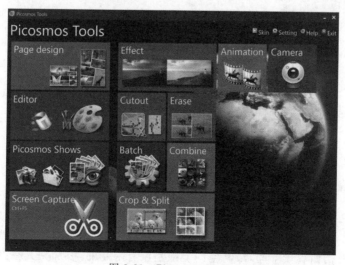

图 8-21 Picosmos Tools

六、网盘存储

网盘、云盘是指由互联网公司推出的在线存储服务，向用户提供文件的存储、访问、备份、共享等文件管理功能。具有安全稳定、存储量大的特点。用户可以把网盘、云盘看成一个放在网络上的存储空间，不管是在家中、学校、单位或其他任何地方，只要连接到因特网，就可以管理、编辑网盘里的文件，不需要随身携带，更不怕丢失。

1. 百度网盘

百度网盘（原百度云）是百度推出的一项云存储服务，已覆盖主流 PC 和手机操作系统，包含多种版本，用户可以轻松将自己的文件上传到网盘上，并可跨终端随时随地查看和分享，如图 8-22 所示。2014 年 11 月，百度云总用户数突破 2 亿，移动端的发展全面超越 PC 端。百度网盘个人版是百度面向个人用户的云服务，满足用户工作生活各类需求，已上线的产品包括网盘、个人主页、群组功能、通讯录、相册、人脸识别、文章、记事本、短信、手机找回。并且资源共享方面也很有优势，资源相当丰富。但是百度网盘有会员制度，目前基本没有免费扩展空间的活动，并且其空间相较于其他网盘算是比较小的。

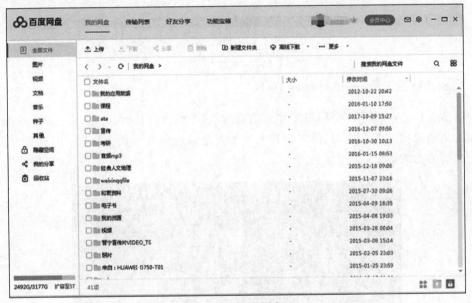

图 8-22　百度网盘

2. 360 云盘

360 云盘是奇虎 360 分享式云存储服务产品。为广大普通网民提供存储容量大、免费、安全、便携、稳定的跨平台文件存储、备份、传递和共享服务。360 云盘为每个用户提供 36GB 的免费初始容量空间，最高空间上限是没有限制的，参加完其举办的一些活动基本上也能到 30TB、40TB，并且每天还可以通过终端签到获得较大的空间奖励，这一点不可否认是其最大的优势，也符合奇虎360一贯的作风。360云盘可以让照片、文档、音乐、视频、软件、应用等各种内容随时随地触手可及、永不丢失，如图8-23所示。

图 8-23   360 云盘

3. 微云

微云是腾讯公司为用户精心打造的一项智能云服务，用户可以通过微云方便地在手机和计算机之间同步文件、推送照片和传输数据。文件自动同步到云端，省时省心。同时集合了文件同步、备份和分享功能的云存储应用，让手机和计算机自动同步文件，使手机与计算机之间实现无线、无缝连接，如图8-24所示。微云算是智能云服务，能够自动汇集在不同设备中拍摄的照片，并按照拍摄时间和来源设备进行编排整理。相册只通过 WiFi 传输，不会产生流量，把文件极速传到附近的设备中，方便快捷。而且微云是腾讯公司的产品，和 QQ、微信挂勾，互补带来的促进作用很大。

4. 天翼云盘

天翼云盘是中国电信旗下面向最终消费者的云存储产品，是基于云计算技术的个人/家庭云数据中心，能够提供文件同步、备份及分享等服务的网络云存储平台，如图8-25所示。用户可以通过网页、PC 客户端及移动客户端随时随地把照片、音乐、视频、文档等轻松地保存到网络，无须担心文件丢失。通过天翼云，多终端上传和下载、管理、分享文件变得轻而易举。目前，天翼云盘提供 15GB 初始免费空间，用户可以通过订购会员套餐获得更多空间。

小技巧：每个网盘默认支持的空间大小都不同，流量传输速度也都不同，读者可以根据需要自行选择相应品牌的网盘。空间上看，360云盘提供了 20～30TB 的空间，微云提供了 10TB 的空间，天翼云盘登录移动端也有 10TB 的空间，百度网盘和金山云就少一

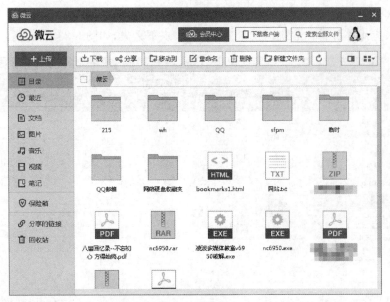

图 8-24　微云

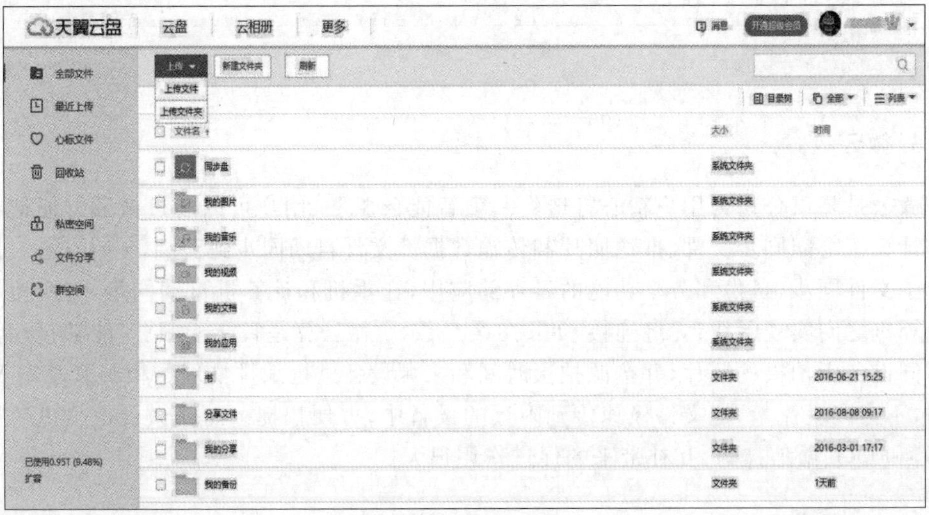

图 8-25　天翼云盘

些,只有约 1TB 的空间(具体活动空间截止时间不同,部分促销活动可能有变化)。如果只是备份手机照片之类都够用,如果是备份所有文件,选 360 云盘、天翼云盘或微云都可以。速度上看,天翼云盘最快,几乎可以实现文件的秒传。360 云盘的上传速度是最慢的,其他的下载速度其实都差别不大,如果是会员账号网速会提升很大。监管方面,金山云、百度网盘对视频与分享管控特别严格,金山云最近直接取消了分享功能。腾讯的微云折中些,不准客户上传视频文件(需要格式改一下才能上传)。在线播放功能,百度网盘支持在线打开视频、图片功能比较好,其他网盘很多都不可以。或者需要下载客户端才可以,如果需要自己搭建私有云盘,ownCloud 等开源软件效果不错。

七、远程桌面

1. 微软远程桌面连接

当某台计算机开启了远程桌面连接功能后就可以在网络的另一端控制这台计算机了，通过远程桌面功能可以实时地操作这台计算机，在上面安装软件、运行程序，所有的一切都好像是直接在该计算机上操作一样。这就是远程桌面的最大功能，通过该功能网络管理员可以在家中安全地控制单位的服务器，而且由于该功能是系统内置的，所以比其他第三方远程控制工具使用更方便、更灵活，如图8-26所示。

图 8-26　Windows 7 远程桌面连接

远程桌面连接组件是从 Windows 2000 Server 开始由微软公司提供的，在 Windows 2000 Server 中它不是默认安装的。该组件一经推出就受到很多用户的拥护和喜欢，所以在 Windows XP 和 Windows 7 中微软公司将该组件的启用方法进行了改革，通过简单勾选就可以完成在 Windows XP 和 Windows 7 下远程桌面连接功能的开启。

小技巧：如果需要远程携带声音、剪贴某些盘符等，需要在相应选项卡中设置，但是此远程桌面不能"翻墙"穿过路由器，一般只是局域网范围，如果需要访问外网需要在路由器上映射 3389 端口，或者通过 VPN 连接。

2. TeamViewer 远程桌面

TeamViewer 是一个能在任何防火墙和 NAT 代理的后台用于远程控制的应用程序，是桌面共享和文件传输的简单且快速的解决方案。为了连接到另一台计算机，只需要在两台计算机上同时运行 TeamViewer，而不需要进行安装（也可以选择安装，安装后可以设置开机运行）。该软件第一次启动在两台计算机上自动生成伙伴 ID。只需要输入伙伴

ID 到 TeamViewer，就会立即建立连接，如图 8-27 所示。

图 8-27　TeamViewer 远程连接

　　TeamViewer GmbH 公司创建于 2005 年，总部位于德国，致力于研发和销售高端的在线协作和通信解决方案，如果用户回家后想连接控制在学校或公司里自己的计算机，很多人会想到使用 Windows 远程桌面连接。一般情况下，它无疑是最好的方案，但如果要连接的计算机位于内网，即路由器（router）或防火墙后方（计算机是内部 IP 地址），就必须在路由器上做一些设定端口映射之类的设置才有办法连上，而网管也不太可能会帮用户设定的。这时 TeamViewer 无疑就是最佳的解决方案了。

八、微信中收集数据信息

　　微信作为智能手机的普及应用，提供了公众平台、朋友圈、消息推送等功能，用户可以通过摇一摇、搜索号码、附近的人、扫二维码方式添加好友和关注公众平台，同时微信还有将内容分享给好友以及将用户看到的精彩内容分享到微信朋友圈等功能。本节主要介绍利用微信途径收集整理数据，例如，周末游玩需要收集单位人员参与情况怎么办？毕业聚会需要统计各个校友信息怎么办？调查问卷如何通过微信收集信息呢？这些都可以利用第三方软件实现，通过微信传播收集。

1. 金数据

　　金数据是一款免费的表单设计和数据收集工具，可用来在线设计表单、制作在线问卷调查、组织聚会、询问意见、整理团队数据资料、获得产品反馈等，默认免费收集 50 条数据。其界面如图 8-28 所示。

　　（1）在线设计表单。使用金数据在线设计表单，或者导入 Excel 生成表单，金数据提供 10 余种专业的表单字段和样式，可以设置跳转规则，同时，模板中心还提供了数百种专业模板供用户选择。

图 8-28　金数据

（2）发布表单。表单设计好后，会生成唯一的表单链接和表单二维码，用户可以把表单嵌入自己的网站，也可以直接发布到 QQ 群、邮件、微信、微博等。

（3）查看数据和报表。表单收集到的数据，会自动进入金数据后台，生成数据报表，包括柱状图和饼状图，在数据页面可以查看数据详情，数据来源的终端、操作系统和 IP 地址，并且支持交叉筛选和数据导出 Excel。

2. 问卷星

问卷星是一个专业的在线问卷调查、测评、投票平台，专注于为用户提供功能强大、人性化的在线设计问卷，以及采集数据、自定义报表、调查结果分析系列服务。与传统调查方式和其他调查网站或调查系统相比，问卷星具有快捷、易用、成本低的明显优势，已经被大量企业和个人广泛使用。其界面如图 8-29 所示。

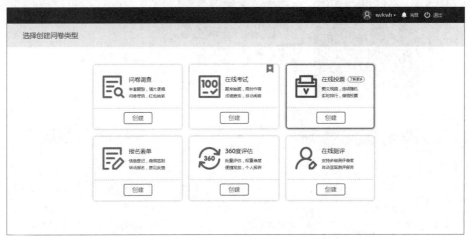

图 8-29　问卷星

（1）企业应用：包括客户满意度调查、市场调查、员工满意度调查、企业内训、需求登记、人才测评、培训管理等。

（2）高校应用：包括学术调研、社会调查、在线报名、在线投票、信息采集、在线考试等。

（3）个人应用：包括讨论投票、公益调查、博客调查、趣味测试等。

原则上每份问卷允许最大填写人次是没有限制的。但为保证用户下载答卷的顺畅，在答卷数量达到 20 万份时，系统会自动为用户重新创建一份问卷，新的作答者将会在新问卷上作答。免费版用户使用投票问卷的最高答卷限制为 3 万份，企业版默认也为 3 万份，在保证没有刷票行为的情况下，可以联系客服提高上限。

九、微信宣传展示特效制作

说到 H5，其实就是 HTML 5，即新的 HTML 标准。通常所说的 H5，实际上是指那种炫酷的多媒体页面、小动画之类的。H5 的设计目的本就是为了在移动设备上支持多媒体，所以，制作 H5 页面其实很简单。目前 H5 的平台很多，都有免费版使用，如易企秀、企业秀、初页、百度 H5 等。

1. 易企秀

易企秀是一款针对移动互联网营销的手机幻灯片、H5 场景应用制作工具，将原来只能在 PC 端制作和展示的各类复杂营销方案转移到更为便携和展示的手机上，用户可随时随地根据自己的需要在 PC 端、手机端进行制作和展示，随时随地营销。其界面如图 8-30 所示。

图 8-30　易企秀

易企秀是一款针对移动互联网营销的手机网页 DIY 制作工具，用户可以编辑手机网页，分享到社交网络，通过报名表单收集潜在客户或其他反馈信息。用户通过易企秀，无须掌握复杂的编程技术，就能简单、轻松地制作基于 HTML 5 的精美手机幻灯片页面。同时，易企秀与主流社会化媒体打通，让用户通过自身的社会化媒体账号就能进行传播，展示业务，收集潜在客户。易企秀提供统计功能，让用户随时了解传播效果，明确营销重点、优化营销策略；并提供免费平台，用户零门槛就可以使用易企秀进行移动自营销，从而持续积累用户。

易企秀适用的地方包括企业宣传、产品介绍、活动促销、预约报名、会议组织、收集反馈、微信增粉、网站导流、婚礼邀请、新年祝福等。

2. 企业秀

目前关于企业秀这类移动端 H5 页面的叫法很多，也称为翻翻看、手机微杂志、手机上的 PPT/Keynote、广告页、场景应用或海报/画报（动态海报、指尖海报、掌中海报、动画海报、微画报、微海报）。其交互形式为滑动翻页（通常是上划），因为滑动的操作非常简单，在手机上也非常方便，每个页面都不太多，但同时为保证让受众更多参与其中，故有时会适当加入点击、滑动、长按等操作。企业秀的界面如图 8-31 所示。

图 8-31　企业秀

企业秀在微信、微博（手机端）、手机浏览器或其他移动端社交媒体内展示与传播。企业秀具有一键生成 H5，创作只需几秒钟，H5 简历、旅游自拍、拜年贺卡、生日祝福、宝宝照、旅游照均可一键生成。同时还具有海量模板素材，请帖、贺卡、电子相册、邀请函、简历模板、企业招聘、公司宣传、产品介绍均可轻松套用。该动态效果可以跨平台、跨软件在手机与计算机、微信、微博等多场景分享。企业秀后台可以查看 H5 场景的浏览次数，实时掌握客户提交的信息，助力市场营销。

十、常见网络故障修复

无论是家用计算机，还是办公室计算机，都会出现网络连接问题。遇到这样的问题时，很多人会束手无措，事实上，试试下面的这些方法，就可以自己排查网络故障了。

1. Ping 命令排查网络故障

（1）在检查网络故障（为何不通）之前，必须先确定外部的网络连接没有问题，即确保网络运营公司提供的网络连接通畅，如果没有问题，就继续检查自己内部的网络问题。

（2）打开网络与共享中心查看 IP 地址。Windows 7 中可以通过"开始"菜单→"控制面板"→"网络和 Internet"→"网络和共享中心"打开，或者在任务栏右下角网络图标上右击，在弹出的快捷菜单中选择"打开网络和共享中心"命令。看到"本地连接"，然后在"本地连接"中单击"详细信息"按钮即可查看本地 IP 地址和网关、DNS 等其他相关信息，如图 8-32 所示。

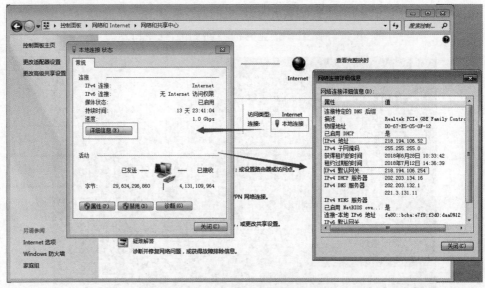

图 8-32　网络 IP 地址显示

（3）用 Ping 命令排查网络故障。获取本机的 IP 地址后（也可以在网页中查找 IP 地址并记下来），再在"开始"菜单→"搜索运行"（Win＋R 键）中，输入 cmd，跳出一个"命令提示符"窗口，然后在这个窗口的光标处输入"ping＋本地 IP 地址"，并按 Enter 键，如图 8-33 所示。

（4）如果网络是畅通的，小黑窗口中就会出现 reply from…bytes＝×× time…之类的提示，类似于连接响应时间的回复内容，如果网络不通，就是网络 TCP/IP 出了问题。

（5）如果要检查局域网内本机和其他计算机之间是否连接畅通，可以用类似的方法，但是代码是需要改变的。依旧在"命令提示符"窗口中输入"ping＋其他主机的 IP 地址"，如果有回复，就表示网络连接畅通，如果不通，就是子网掩码设置错误或者网卡配置有问题造成的，也可能是网络电缆出了问题。

图 8-33　Ping 命令

（6）检查网关连接是否畅通的方法是"ping 192.168.1.1"；检查计算机与外部网络连接是否畅通的方法是"ping www.××××.com"（这个地方随便输入一个自己熟悉的网址即可）；检查主机是否有问题的方法是 ping localhost。

2. IP Tools：Network Utilities 工具

无论网络有什么问题，IP Tools：Network Utilities 都可帮助用户查明问题。该应用程序可提供用户需要知道的所有信息，如图 8-34 所示。并且，即使用户在外面也可以优化其家庭网络，这样会比使用其他 IP 工具的应用程序更快地恢复网络。

在 IP Tools：Network Utilities 中，可访问各种工具以查明问题。这个应用程序可提供 LAN 扫描仪、端口扫描仪、IP 计算器以及很多其他工具，特别是当用户想要知道不同的事物如何工作以及如何具体解决反复出现的网络问题时。

3. traceroute 跟踪路由

traceroute（Windows 系统下是 tracert）命令利用 ICMP 定位用户的计算机和目标计算机之间的所有路由器，如图 8-35 所示。增加存活时间（TTL）值可以反映数据包经过的路由器或网关的数量，通过操纵独立 ICMP 呼叫报文的 TTL 值和观察该报文被抛弃的返回信息，traceroute 命令能够遍历数据包传输路径上的所有路由器。

程序利用 TTL 值来实现其功能。每当数据包经过一个路由器，其存活时间就会

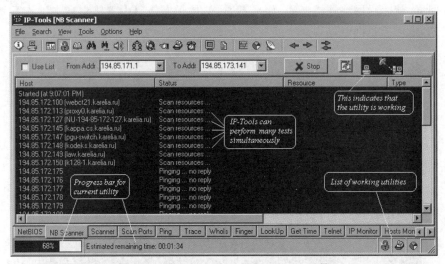

图 8-34　IP Tools：Network Utilities 工具

图 8-35　tracert 跟踪路由

减 1。当其存活时间是 0 时，主机便取消数据包，并传送一个 ICMP，TTL 数据包给原数据包的发出者。程序发出的前 3 个数据包 TTL 值是 1，之后 3 个是 2，以此类推，它便得到一连串数据包路径。注意 IP 不保证每个数据包走的路径都一样。

  小技巧：通过网络连接图标判断网络情况，如果网络连接图标上出现"×"符号，说明网线没接好，或者路由器交换机故障需要重启，从物理方面解决问题；如果网络连接图标上出现"!"符号，就要查看 IP 地址，如果 IP 地址是 169 开头的，说明没有得到正确的 IP 地址，需要检查路由器或者 DHCP 服务器，如果 IP 地址正常，是 192 等开头，要看看是不是提示"无 internet 访问"，说明能够得到 IP 地址，只是上不了网，需要看看是不是路由器上 PPPoE 账号错误等，或者局域网网关有问题；如果网络连接正常只是某些网站无法访问，需要查看 DNS 域名解析服务器是不是有问题，可以手工搜索有效 DNS 替换。

图书资源支持

感谢您一直以来对清华版图书的支持和爱护。为了配合本书的使用,本书提供配套的资源,有需求的读者请扫描下方的"书圈"微信公众号二维码,在图书专区下载,也可以拨打电话或发送电子邮件咨询。

如果您在使用本书的过程中遇到了什么问题,或者有相关图书出版计划,也请您发邮件告诉我们,以便我们更好地为您服务。

我们的联系方式:

地　　址：北京市海淀区双清路学研大厦 A 座 701

邮　　编：100084

电　　话：010-83470236　010-83470237

资源下载：http://www.tup.com.cn

客服邮箱：2301891038@qq.com

QQ：2301891038（请写明您的单位和姓名）

资源下载、样书申请

书 圈

扫一扫，获取最新目录

课 程 直 播

用微信扫一扫右边的二维码，即可关注清华大学出版社公众号"书圈"。